家的软装

吴天篪（TC吴） 著

U0222600

江苏凤凰科学技术出版社

　　所谓家居软装，是指运用软装来丰富和美化我们的家居生活，让我们的生活变得更有乐趣和更健康。这是一本专门介绍大众家居软装的参考书，内容主要建立在作者 30 余年职业生涯的收获、感悟以及软装生活的潮流和理念的基础之上。我们的生活经历了一个从解决温饱到讲究情调的快速发展过程，来不及认真思考什么会影响我们的生活理念、生活态度、生活内容、生活方式和生活品质。虽然富足的物质可以满足暂时的欲望，但却无法替代精神的需求。或许丰富的家居软装可以弥补这个缺憾，所以我们认为，家居软装的概念实质就是家居生活的概念。

　　本书旨在为大众提供一些家居软装的意见和建议，希望更多的人了解和体验当代家居生活美学。它是一本专门为爱家、爱生活的普通大众编写的自助式家居软装指南，目的在于让普通人士能够自己动手不依靠他人的协助也能美化和丰富自己的家居生活，因为家居软装本身就带有自己动手、自娱自乐的特性，希望每位爱家、爱生活的人士都能够从实践当中享受到无穷的生活乐趣，理论上人人都能成为自己的家居设计师。写这本书的初衷，就是希望激发每位普通大众的软装搭配潜能。

家居软装就像穿衣打扮一样，属于非常个性的喜好和选择，无须被一些似是而非的规矩或教条所吓倒；家居软装也没有奥妙或神秘可言，只要略微了解一些基本常识，大家都可以轻松进行操作或者尝试。本书旨在探讨大众家居软装的全新概念，因此有关家居装修（又称硬装）的内容不在本书的讨论范围之内；本书希望引导大众家居软装的全新思维，所以豪宅、酒店、会所、样板房均不在讨论范围之内；本书主要介绍当代家居软装的最新风尚，故传统意义的陈设艺术也不在本书的讨论范围之内。

　　准确地说，这是一本专为都市平层户型和小型别墅编写的家居软装搭配指导手册。为了让每一位爱家、爱生活的人士都能够读懂书中的内容，我们试图抛弃那些关于家居软装的陈规旧俗、理论教条、神秘腔调和模式套路，希望通过浅显易懂的文字和切实可行的建议，来尽力帮助大家实现美好家居生活的愿望。

吴天篪

2017 年 11 月

目录

contents

软装概述

1. 家居软装的概念   010
2. 家居软装的本质   013
3. 家居软装的意义   016
4. 家居软装的内容   018
5. 家居软装的过程   020
6. 家居软装的乐趣   023
7. 家居软装的魅力   025
8. 家居软装的要求   027

软装风格

1. 软装风格的概念   032
2. 个人风格的确立   035
3. 个人风格的应用   038

软装搭配

1. 软装的色彩搭配   044
2. 软装的图案搭配   052
3. 软装的材质搭配   057
4. 软装的形状搭配   060

四. 软装空间

1. 起居空间的软装　064
2. 用餐空间的软装　070
3. 私密空间的软装　074
4. 功能空间的软装　079
5. 生活空间的软装　084
6. 交通空间的软装　086

五. 软装家具

1. 家具的种类与式样　092
2. 家具的识别与挑选　096
3. 家具的应用与效果　098

六. 软装灯具

1. 灯具的种类与式样　104
2. 灯具的识别与挑选　107
3. 灯具的应用与效果　110

七. 软装布艺

1. 布艺的选择与应用　114
2. 床饰的选择与应用　122

3. 窗饰的选择与应用　126

八. 软装花艺

1. 花艺的应用　136
2. 花瓶的选择　140
3. 园艺造景　144

九. 软装桌景

1. 桌景的概念与内容　150
2. 桌景的构图与布置　152
3. 桌景的应用与效果　155

十. 软装墙饰

1. 墙饰的概念与内容　160
2. 墙饰的位置与手法　163
3. 墙饰的应用与效果　166

十一. 软装改造

1. 改造的概念与意义　172
2. 改造的步骤与内容　175
3. 改造的需求与趋势　180

一、软装概述

1 家居软装的概念

通俗来讲，家居装饰是由前期的装修（硬装）和后期的配饰（软装）两部分组成，其中装修包括了水电的铺设安装，墙体、地面、顶面的装饰施工以及木作等；配饰则包括了家具、灯具、布艺和饰品等。装修为家居打造了一个可供生活的空间环境，但使用效果则需依靠软装布置来实现。狭义的家居软装指的是对家居空间进行美化和装饰，广义的家居软装则包含了所有与家庭生活有关的内容，比如园艺、手工、缝纫、编织、酿造、烘焙和厨艺等。家居软装是家居生活密不可分的组成部分，也可称之为软装生活，意味着家居软装代表着一种有生命力和灵魂的生活方式。

很多人对家居软装的概念模糊不清，因此稀里糊涂任人摆布或者盲目跟风进行复制。当代家居软装的重要概念之一，就是软装搭配只与自己和家人息息相关，与任何他人毫无关系，它就像每个人的口味咸淡一样与生俱来，我们只需在乎自己和家人是否喜欢和满意即可。家庭成员之间需要每个人

家就像一部鲜活的
生活剧，每天都可
以上演精彩的剧目

通过软装手段对家庭有所付出，这样的关系才会更为亲密，所以不要轻视和忽略家居软装的作用和能量。

　　尊重每一位家庭成员并满足他们愿望和喜好的搭配才是最有温度的家居软装。软装与生活本是同根同源，当它们融为一体的时候，不会再有界限和分割，我们称之为软装生活。一个从不下厨做饭、从不动手插花也从不参与手工劳作的人，自然无法理解和享受这种软装生活。

理解家居软装的概念首先需要理解家的概念。这个家可能并不漂亮，视觉效果也不理想，它可能只是某种随意或随机的结果，并非约定俗成或者千篇一律的产品，但是你却可以在这里自由自在地生活、思考，甚至为了满足变幻的情趣而不断改变居家的面貌，就如同我们变换的服饰一样。

家是一个让我们倾注全部爱心和耐心的生活空间，家居软装就是那种能够帮助我们实现居家所有期待和梦想的道具和手段。它就像一个鲜活生动的生活剧舞台，而软装就是舞台布景，越自然越真实感人。家居软装的繁简多寡有赖于个人对家和生活的理解和感悟，没有对错之分，只有合适之说，这既是家的全部概念，也是家居软装的全部概念。

2 家居软装的本质

家居软装的搭配来源于生活，也因软装与生活水乳交融和密不可分的关系而被称为软装生活。它是一种高于物质生活层面等基本需求的高级生活，也是一种更丰富、更美好和更有趣味的精神生活，它还是一种展现自我、表达亲情和发挥想象力的私人生活，更是一种抚慰心灵、纾解压力和享受人生的美好生活。

家居软装的本质实质就是一种家的概念，对家的理解有多深决定了对家居软装的理解深度。一个不懂油盐酱醋和锅碗瓢盆如何摆放的人自然无法设计出一个合理、实用的厨房空间来。虽然生活的理念、态度和方式没有对错之分，但家居软装也并非单纯进行橱窗陈列，它是一种展现生活品质的最佳手段。

家居软装与我们的生活方式息息相关，是某种具体生活的一种外在表现，它与工作以外的生活时间紧密相连。这些

家居软装的本质就是
家居生活，所有与生
活有关的内容都可视
为软装生活

生活方式主要包括我们平时喜欢在家里做什么，每位家庭成员在这个空间里如何度过等。正因为如此，平凡的家庭生活会变得更加丰富多彩。

　　家居软装的途径可以通过布置、摆放、陈列、展示、安装、悬挂、点缀和搭配等手段来达成。当我们去亲朋好友家做客的时候，通常都会从其软装来感受这个家庭给人的第一印象，无论是时髦、保守还是温馨、冷静的，又或者是繁琐、简朴的，都像一面镜子般真实地反映出主人的经历、喜好、个性和品位。

　　和谐社会建立于和谐的家庭之上，而和谐家庭则需要建立在和谐的软装生活之上。越来越多的人开始意识到软装生活对于一个家庭的重要性，相关媒介也在大力提倡"家居软装，艺术生活"。虽然不是每个人都天生熟悉或者精通家居软装的内容和技巧，但是总有天资聪慧或自学成才的人愿意把家装扮得不同凡响并充满魅力。

3 家居软装的意义

　　家居软装的意义在于美化生活，让生活变得更有乐趣并具有吸引力，而美化生活只需要改变一下靠枕的搭配或者增添几盆绿色的植物就能轻松达成。当我们十分用心地把孩子从小到大的照片洗印出来，装入精心挑选的相框并展示在家中，孩子们就能每天感受到父母的爱，这是除了语言之外传递和表达情感的最佳方式之一。

　　丰富多彩的家庭生活能提高我们的生活品质，生活品质的提升有多种，既可以通过户外活动去实现，也可以通过室内的家居活动来实行。它是具有多种解读的一种观念，包含了物质与精神，还有许多观念和认知，比如健康、家庭、教育、环境、信仰和知识等，正如有些人坚信豪车、名牌是高级生活品质的标志，也有一些人认为自由自在的闲适日子才是品位的象征。

　　生活品质的高低很大程度上取决于个人对于品质的理解和追求，剥去生活看似光鲜亮丽的外表，剩下的才是内在朴

软装能够提高我们的
生活品质

实无华的本质。当我们购买一只碗时，它不仅要漂亮，而且
还要与房间内其他元素（包括色彩、材质和形状等）相协调，
于是这只碗就成为了软装生活的一部分。所以说，家居软装
的搭配完全掌握在自己手中，它可以复杂也可以简单，可以
个性也可以随意，可以保守也可以开放，可以怀旧也可以时
尚……总之，按照自己的意愿、喜好和条件去尝试和实践，
就是最合适和最完美的家居软装。

我们可以通过软装来营造轻松、随意、安静而舒适的居家
环境，尝试着在这样美好的环境中放下忧虑和烦恼，舒缓紧张
和疲惫；蜷缩在柔软的躺椅中，呼吸鲜花吐出的芬芳、绿叶散
发的清香，去感受生命的美好和生活的乐趣。家居软装的意义
不会立竿见影地显现出来，往往需要经过长时间的动手、感悟、
体会和品味才能有所收获，就像佳酿需要时间才能得到一样。

4

家居软装的内容

通俗意义上的软装内容包括家具、灯具、布艺和饰品等，广义的软装内容远不止这些，它包括了收藏、厨艺、烘焙、酿造、园艺、缝纫、编织和其他手工等活动的方方面面。除了日常生活用品之外，那些远离时代的旧坛罐、旧器皿、旧篮筐、旧绣品或者旧工具等都是弥足珍贵的，家居空间里出现一些这样的旧物件既能带来无尽的遐想也能增添无穷的乐趣。

在互联网高度发达的年代，我们可以充分利用网络去搜寻那些远在天涯的物品，远足时随意发现的大自然杰作，又或者是旅行时购买的充满乡土气息或异域情调的物件。一件艺术品、一张照片或者任何对于个人和家庭具有某种特殊意义的物品，都是极具家居特色的软装内容。

亲子活动也是十分重要的软装内容，它包括与孩子共同制作一件简单的手工、共同完成一盘简单的美食、共同栽种一棵翠绿的幼苗、共同阅读一本有趣的书籍或者共同欣赏一部感人的电影等。亲子活动不仅丰富了家居生活，也是激发

从生活的角度来看，任何日常物品都可以视为家居软装的内容

孩子创造力和增进家人亲情的最佳途径，那正是充满温馨的软装生活。爱家人士会乐此不疲地沉迷于这些生活当中，成为他们手中美化生活的道具。

可以说，任何与居家生活有关的物品都可以视作是软装内容，甚至包括餐具和厨具等生活用品。锅碗瓢盆在一般人眼里只是烹饪工具，但在爱家人士眼里，它们就是美好生活的象征。他们会刻意去挑选那些造型和色泽均与众不同的厨具和餐具，无论是使用或者搁置都会带来一种美感。用生活的眼光来看待家居软装，美好的家居生活并非如空中楼阁或者梦中美景般遥不可及。

5 家居软装的过程

很多人会困惑自己应该什么时候开始软装，以为软装会有一个设定的起点和预定的终点，事实上一个人独立生活的时候就意味着开始软装生活了，比如精心为家人、朋友准备丰盛的晚餐，耐心为盆栽植物剪枝、洒水和施肥等，这些都是软装生活。家居软装的过程就是家居生活的过程，谁说生活有始终呢。

家居软装是一个根据个人条件、喜好、心情和感悟的变化而不断变化的过程，也是随着生活的继续而继续的人生历程，它很可能有起点但却没有终点。对于大部分人来说，家居软装的起点往往是装扮新居，也有些人的起点可能源于某次旅行、某次闲逛的收获，或者某件家传的宝贝和多年的收藏等。

家居软装不必受限于任何预设的步骤、程序或流程，对于新居来说，首先确定自己的风格将有助于软装的顺利进行并达到理想的效果。家居软装不是一劳永逸和恒久不

从生活的角度来看，
家居软装是一个既无
起点也无终点的生活
过程

变的，它是我们生活空间里不断添置、调整、更换、变幻和完善的过程。如果一时找不到合意的物件，那就让它暂时空缺也无妨。

出门在外的时候，爱家人士会特别关注那些自己一见钟情而别人可能熟视无睹的物品，它也许是一块头巾、一个陶罐、一幅画作、一片剪纸和一把旧壶，也可能是一块石头、一根枯枝或者一株野草等，最终因爱不释手而搬回家里，放在家中最显眼的地方，每次经过的时候都会忍不住放慢甚至停下脚步来欣赏它们。

我们不要奢望每次出门都能如愿以偿找到所有的家居物品，为了最佳的视觉效果，宁愿让某件物品暂时空缺也不会随便找一件东西替代，完美的视觉效果往往来自于对讲究的执着和对将就的抗拒。软装的过程就是在不断失望、焦虑寻找和意外惊喜之中趋于完美，也是在这个不断充实的过程当中获得精神上的满足和乐趣。

6

家居软装的乐趣

　　家居软装的乐趣部分来自劳动，部分来自收获，部分来自欣赏，部分来自享受，还有部分来自于分享。它纯属个人的喜好和乐趣，是生活方式的一种选择。当我们刚学会动手制作烘焙，把香喷喷的点心盛放在淘来的精致瓷盘上；当我们从花店买来一束鲜花或者直接从自家花盆里剪下几枝装进中意的玻璃花瓶里，一种满满的欣慰感和成就感就会油然而生。软装的乐趣常常来自于亲手制作或是亲自参与的家庭劳作之中，这是花钱请人代劳所无法获得的乐趣；软装的乐趣也来自于不断变化和完善的过程之中，这也是享受自己劳动成果的乐趣。

　　一家人出门旅行的时候，看到喜爱的物件会不辞辛劳扛回家，这是一种旁人无法理解的乐趣。在同一个屋檐下，妈妈烘焙，爸爸下厨，孩子手工，全家参与园艺，家庭里每一位成员都能找到自己的兴趣和空间，这也是家居软装的乐趣。软装生活就在于自娱自乐、其乐融融，完全无需在意别人的品头论足，因为实在与他人无关。

家居软装的乐趣纯属
自娱自乐，大可不必
在意别人的品头论足

不必害怕模仿与借鉴，但是要断然拒绝抄袭与剽窃。模仿与借鉴着重于从好的作品当中获取有借鉴价值的内容并成为触发自己创作灵感的激发力，比如搭配手法和布置方式等。抄袭与剽窃则依赖于不动脑筋、原封不动地照搬他人作品当中的具体式样和做法等，几乎没有自己的想法参与进去。

对于大部分初学者来说，往往徘徊于力不从心的困境，当然乐趣也就无从谈起。在大力提倡创新的年代，不要忘记模仿与借鉴本身既是最好的学习捷径之一，也是学习的乐趣来源之一，更是创新的动力来源之一，聪明的学习者总是那些善于从别人那里汲取有益养分来供自己成长的人。

7 家居软装的魅力

　　有人说家是人的另一张脸，家居软装也是所有家室成员的另一面镜子，它随心所欲、自由自在和诚心诚意地展示着自己，散发出独一无二的个性魅力。当我们到一个魅力四射的家庭时，其与众不同的家居软装不仅令人印象深刻也会令人刮目相看。

　　世间万物总是在不经意间悄然发生着变化，过去那些广泛流行的陈旧式样早已无法满足今天的年轻一代，他们更崇尚个性的需求。个性不仅代表着外表的与众不同，更传递出一种独立的思维与观念。当代软装理念坚信只有体现出独特个性的空间才是最有魅力的家居空间。

　　不同的时代展现魅力的方式不同，过去是通过单车、军帽，今天则是华宅、豪车等，但没有一种物质展现能比精神展现更为持久。作为家庭精神世界的栖息地，感受不到灵魂的家居空间无论多么富丽堂皇也只是一具躯壳。每个人的家都应该呈现出其独一无二的个性魅力，而软装生活正是个性的"终身伴侣"。

家的魅力就是主人的魅力，只有展现主人魅力的空间才是有灵魂的空间

也许你去过一些豪华的酒店或酒吧，会被它们华丽的装饰所吸引，但家才是专属于自己的空间，是你无论去到哪里都魂牵梦萦的地方。家居软装的终极目标就是为灵魂打造一处温馨的居所，容不得半点虚假和做作，只有感受到灵魂的家才会散发出无法抗拒的魅力。

大概无人能否认时尚是当代展现魅力的重要媒介之一，在这个生活与时尚不可分割的时代里，大多数年轻人或多或少都与潮流有着某种关联。越来越多的年轻人意识到具有时尚元素的空间有着无法抗拒的吸引力，充满时尚元素已经成为商业制胜的法宝之一。年轻人期望自己的居住空间具有同样的时尚元素，成为让亲朋好友羡慕和赞誉的榜样。

8

家居软装的要求

有些人认为家居软装是专业设计师的工作，与己无关，但如果真是这样，那也就意味着家居生活与自己无关了。对于我们来说，生活不仅仅只是柴米油盐，它还应该更加舒适和美好，如此才不辜负宝贵的人生。

不必担心自己动手后装饰家居的能力与效果，其实只需具备一些基本的软装常识和平日的用心动手，任何人都可以成为自己的家居设计师，这和穿衣打扮是一样的道理。家的私事只需要听从自己内心的感受，不必按照别人的喜好和标准去选择和安排。建议把注意力集中在每一件挑选的物品之上，自娱自乐本身就是家居软装的特征之一。

要想自己的家居空间独具一格，具备一点想象力和联想力至关重要，有了想象力我们才会有创造力。联想力则是从一些表面看似不相干的事物当中寻找出某种内在和外在的关联，简单来说就是相同或者相似的共同点。

对于家居软装来说，我们需要一点想象力来把居住空间变得丰富多彩并乐在其中，这是仅靠简单的产品搭配所无法获得的，比如说旅行、阅读或者欣赏艺术等都是丰富我们想象力的灵感源泉。同样，我们也需要一点联想力来把房间内的元素串成一个整体，比如色彩与色彩之间、图案与图案之间以及形状与形状之间相互有所关联。很多时候，家居软装需要依靠敏锐的联想力才能达到预期的视觉效果，期望与观者产生心灵上的对话与共鸣。

　　无论是想象力还是联想力都不会从天而降，都需要我们用心地去认知、体会、感悟和培养。学会观察我们身边的缤纷世界，做一名有心人、用心人，才是做好家居软装最重要的要求。自然界的色彩、花草、树木、动物和海洋，美术的色彩、光影、层次和节奏，电影的色彩、场景、细节和空间，还有时装的配色、图案、材质和形状等，都是

只需要一点点联想力和想象力，人人都可以成为自己的家居设计师

大自然对人类的馈赠。善于观察生活、全心全意地付出真心，这个缤纷世界就是我们想象力和联想力取之不尽、用之不竭的灵感来源。

二、软装风格

1 软装风格的概念

　　人们习惯于称某种历史上存在、流行并且定型的式样为某某风格，比如"法式""英式""北欧"或者"现代"等，我们也常用风格来形容一个人的个性和气质，俗称"做派"或者"范儿"。有人因为看过某本印象深刻的小说或电影而想模仿其中的风格（比如简·奥斯汀《恋爱假期》中的场景），还有人特立独行喜欢彰显自我，就像时尚达人那样通常选择时尚风格或者个人风格。

　　并非只有那些所谓的"欧式""美式""简约"和"地中海"等式样才叫风格，只要是有个性、有气质的人就是有风格的人，因此我们首先需要了解什么是属于自己的风格而非自己喜欢什么风格。有趣的是，尽管我们很清楚自己的性格但并不见得清楚自己属于什么风格。每个人在这个世界上都是独一无二的，个性即代表着他（她）独特的风格，这样就不会受限于任何既定的"风格"制约。任何传统风格的形成都与其时代背景、文化特色与生活方式息息相关，无论做

每个人都可以拥有专属于自己的软装风格

出何种选择，都不必拘泥于其表面的形式，但是需要准确把握其内在的精神和本质，这就需要我们先做一些功课，包括阅读、旅行、观摩和查询等。

大家都知道，欧洲国家众多，中欧、南欧和北欧每个国家的历史渊源错综复杂，家居文化也千差万别，根本不是一种"欧式风格"就可以涵括的。美国从1776年建国至今也不只有一种家居文化，从17世纪的殖民时期到19世纪的维多利亚时期再到20世纪的现代时期，也不是一个"美式风格"就能代表所有的。就拿与我国邻近的东南亚国家来说，也因历史原因而有着完全不同的宗教信仰和生活方式，故而所谓的"东南亚风格"也只是一个笼统的称呼。所以，我们希望大家能放开思路，不必局限于那些似是而非的"风格"观念。

　　尽管市场上叫"欧式"和"美式"等风格的名称已经很多年了，但是如果你真的很喜欢欧美软装风格，建议先弄清楚自己到底是喜欢欧美具体哪一个地域和哪一个时期的家居风格。如果没有真实弄明白风格背后的文化，很多我们耳熟能详的某某风格就很可能与其真相风马牛不相及。

2

个人风格的确立

　　14—16 世纪文艺复兴时期之前，欧洲出现的装饰风格对于我们来说实在太遥远了，故不在本书的讨论范围之内。当今社会主流家居软装主要分为四大类别：传统风格、现代风格、时尚风格与个人风格。以 19—20 世纪交替时期为分界线，之前的统称为传统风格，其后的统称为现代风格。其中传统风格包括了 20 世纪之前的任何经典风格（比如巴洛克风格、洛可可风格、新古典风格和维多利亚风格等），现代风格则包含了 20 世纪之后的所有经典风格（比如现代风格、复古风格、工业风格和北欧风格等）。

　　对于个性不是很强烈的人来说，挑选任何一款传统风格或者现代风格都是一项不容易出错的选择，因为它们都是经过时间洗涤最后沉淀下来的精华，具有相对定型的元素和特征。建议多参考一些网络和书籍上相关的图片，只需按此风格相关的软装要素（包括家具、灯具、布艺和饰品）去布置，即可达到八九不离十的预期效果。

所谓自己的风格就是
带有鲜明个人色彩的
风格

时尚风格是进入 21 世纪之后最新流行的风格，起源于 20 世纪早期的好莱坞女明星圈，并因其式样大量借鉴了 19 世纪初英国的摄政风格而得名，受到当代室内装饰界的青睐和追捧。

　　个人风格则是将经典元素拆散打乱之后重新将其进行组合搭配。个人风格的另一个专业名称叫做"折中风格"，折中的意思就是将很多分属于不同时代、不同地域的物品按自己的意愿和一定的手法去重新组合，最终的结果既有鲜明的个人特色，又有和谐的内在关联，这与当代时装界流行的混搭潮流是一脉相承的。

　　一旦确定了属于自己的软装风格，就等于为后面的软装实施确立了方向，也为后面所有的软装搭配提供了重要的选择依据。有了这个依据我们就不会漫无目的、离题万里，才能够确保家居软装达到预期的效果，因此确定软装风格举足轻重，不可掉以轻心。

3

个人风格的应用

　　个人风格因充满未知数的结局和凸显独创性的不羁，同时又极富个人色彩，因而极具挑战性和吸引力，而如何认识自己的真实个性，这对于家居软装的最终呈现至关重要。首先要对自己的居住环境做一个真实的情感了解，从中甄选出希望继续和放弃的内容；然后根据自己的旅行、见闻、交往、娱乐和衣着等经历来做一个全面的分析，得出的结论便是自己真实个性的参考依据。不必隐晦或者羞愧自己的个性特点，就算与别人雷同也无可厚非。如此这般的目的在于实现一个真实且属于自己的家居空间。

　　没人规定一个人只能喜欢某一种风格，事实上很多人偏好多种风格的混合物，而且个人的兴趣、爱好和见识越广泛，喜欢的风格也越混杂多样。混搭手法包括协调与对比两大类，通过混合新与旧、东方与西方、传统与现代、繁琐与简洁、优雅与朴实、精致与粗糙、抛光与哑光、深色与浅色、曲线与直线等要素，最终寻求并取得某种微妙的平衡关系。

一个人的风格喜好很可能是多种软装风格的混合体，其结果就是俗称的折中风格

个人风格的特色在于收集与独特，其奥妙之处在于有条不紊的匹配或者冲突。如何将不同的物件混合在一起又不显得杂乱无章，有一些常用的混搭手法值得参考：其一，通常围绕某一个直白或者隐晦的主题来展开，常常以某件具备特殊含义的物品（比如某件家具或者艺术品）来作为起点，逐步扩大到地毯、靠枕、装饰画、花瓶和灯罩等物品之上；其二，高级的混搭手法经常会预设某一个主题或者故事来展开，其主题或故事可能来自于自然风貌、风土人情、人生经历、人文历史甚至世间万物等。

尽管混搭手法拆散并打乱了各种元素，但是各元素之间应该存在着某种内在关联，才能融为一体而非一盘散沙。所谓关联是指相关的物品所共同具有的相同或相近的色彩、图案与形状，因为它们的重复出现让那些本无关联的物品有了你中有我、我中有你的内在关系，从而产生视觉上的流动性与律动感，最终活跃了空间的氛围造成视觉冲击力和兴奋感。

所谓色彩、图案与形状的关联并非仅限于个人风格的软装应用当中，它们也是家居软装普遍适用的基本原则。具体做法就是让选择的色彩、图案与形状在房间内分别出现于分散布置的靠枕、地毯、窗帘、装饰画、花瓶和灯罩等处（比如说靠枕枕套上的红色也同样出现在地毯、窗帘和装饰画等元素之上），但注意此法只能应用于重要的物品之上而非巨细无遗。需要特别提醒的是，任何方法或者技巧都是一些经验之谈，不要生搬硬套，也不必害怕出错，因为随时都可以进行调整。经过长期的尝试与摸索之后，逐步学会灵活运用，适度地打破一些方法和技巧是提高软装配搭水平的最佳途径。

值得注意的是，如果参与混搭的元素之间缺乏以上列举的内在关联，最常见的结果便是一盘散沙。尽管每个人的欣赏能力和修养千差万别，但是美的基本原则应该是没有界限的。因此，在尝试个人风格之前，建议多欣赏一些国内外优秀的案例并从中获得灵感。可以先从局部或者某个房间开始去尝试，取得经验和信心之后再逐步扩大范围，直至最终随心所欲、乐在其中。

现实生活中经常会出现你的风格倾向与配偶的风格喜好完全不同的情况，这是一个将两种甚至多种风格融为一体的常见问题。要解决根本问题，首先是要缩小双方的差距，尽量找到彼此的共同点（比如说允许代表各自的共同色彩、图案、纹理和式样等出现在各个房间）。为了最佳的视觉效果，混合两种或者多种风格于一个房间的时候最好由一个风格占主导（大约80%的比例）。沟通的过程需要注意尊重双方的意见，避免伤害感情，达成协议的前提是必须要有一方妥协，而妥协总是需要一些时间。

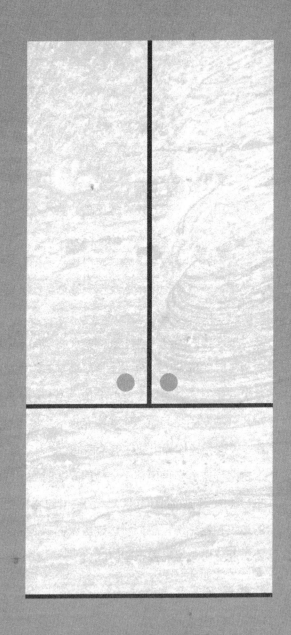

三、软装搭配

1 软装的色彩搭配

　　色彩是一项非常个人的选择，每个人都有其与生俱来的色彩嗜好或者倾向，有人独爱色彩斑斓，有人偏好高冷中性。除了少数接受过专业训练的人士，对于大部分人来说，不必先要懂得多少色彩知识才能去尝试软装。于家居软装而言，色彩主要凭感觉，相信自己的直觉，凭着自己的真实色感去挑选就已经足够。

　　"什么是你的真实色感？"这个问题并非每个人都十分清楚，最直截了当的方法是看看自己的衣橱或者衣柜，那里面挂着的应该都是你喜欢的服饰。如果你不喜欢穿着鲜艳的服饰（如红色、紫色或者绿色），那么这些色彩就不应该用来刷墙；如果你的衣柜里五彩缤纷，那么你就不会喜欢米色或者灰色的墙面。当然，判断一个人的色彩喜好并非仅凭单方面的因素就能确定，任何因素都可以作为参考，包括属相或者星座等都不必排斥。

色彩是一项非常个人的选择，每个人都有其与生俱来的色彩嗜好或者倾向

　　不必在意那些看似深涩难懂的色彩名词，如色相、明度和纯度等，你只需在意自己对于色彩的反应以及色彩让你产生的感觉。没有一种色彩能够让所有人感到舒服，同样也没有一个人对所有色彩都感到顺眼，因为每个人对于色彩的感觉千差万别。尽管有一种色彩心理学似乎适用于大部分人，但是任何一种色彩都必定存在有人喜欢也有人厌恶的情况，实属再正常不过，比如同样的一块黑色，有人感到神秘，另一些人则可能感觉恐怖或者乏味等。

除非你是一位时尚人士或者时尚达人，否则不必过多地担心流行色，因为很少有人愿意让自己家里的色调每年随着流行色的变化而变化。不过我们需要了解当代家居色彩的三大搭配方式：①同色系或者类色系之间的搭配；②暖色系与冷色系之间的搭配；③亮色系与中性色之间的搭配。也有部分人喜欢全中性色的搭配（如黑、白、灰色），但无论选择何种搭配方式，在同一色彩之内应该有2~3种深浅的变化（比如蓝色调包含深蓝色、普蓝色和浅蓝色三种变化），目的是为了增加层次感从而丰富视觉效果。

　　"同色系或者类色系之间的搭配"指的是相同或者相近色彩的搭配，比如深浅不同的蓝色或者蓝色与绿色的搭配等，适合于需要安静和谐的视觉效果。"暖色系与冷色系之间的搭配"也称对比色或者撞色，它们包括红色与绿色、黄色与紫色、橘色与蓝色等，适合于制造生动活泼的视觉效果。"亮色系与中性色之间的搭配"指的是以中性色（包括黑、白、灰和褐色等）

类色系之间的搭配

书房的色彩与客厅统一，沿袭了类色系的搭配

作为整体背景色来衬托亮黄色、金黄色、蓝绿色、深蓝色、深红色和紫红色等，适用于营造时尚、炫酷的视觉效果。

无论我们掌握多少色彩知识都不重要，但牢记的一条搭配原则是"色彩协调原则"，意指在一个房间里应该尽量避免某一个色彩单独而孤立地出现。当我们在市场上遇见一个中意的靠枕时，这时需要在脑子里想象一下如果此靠枕放在沙发上或者房间内，其他靠枕、沙发、窗帘、墙上的装饰画或地毯等在色彩上是否与之匹配，这种匹配通常是指相同的色彩、相同的色系或者是相近的色调。

另一条搭配的基本原则叫"色彩流动原则"，目的是让每个房间都有着某个共同点而在视觉上成为一个整体。具体做法是让某种色彩重复出现在不同物品之上，比方说起居室的沙发是绿色，那么此绿色也应该出现在餐厅的桌布或者花瓶上，然后是卧室的灯罩上，还有厨房的餐具上，甚至是浴室的毛巾上等。

当代家居色彩搭配常用中性色背景搭配亮丽色点缀，这样有利于与其他色彩融为一体。比如中性色床品搭配鲜艳夺目的靠枕，或者花瓣的颜色、花瓶的颜色、书籍的封面色彩和台灯的灯罩色彩等都可以考虑进去，不过并非每件物品都不放过，只需要考虑大部分或者主要物品即可达到效果。

很多时候我们不知道搭配该从何处开始，面对五颜六色的色彩，很多人会感到无所适从。这时候需要我们寻找房间里色彩最突出的某件物品，它可能来自于窗帘、靠枕枕套颜色、地毯上色彩、花瓶颜色或者装饰画上的色彩等，将之提取出来并应用于其他物品之上，是较为常用的一种方法。选择房间主色调的简单方法之一，就是从布艺面料的花色或者装饰画中的最大色块来作为房间的主色调，比如纺织品花色以白色为主色调，那么房间的主色调也为白色；如果纺织品花色包含了玫瑰红、褐红色和黑色，那么房间的主色调则为玫瑰红，那些醒目和较深的色彩则作为点缀色彩去应用。

　　任何一种传统或现代软装风格都是我们色彩灵感的重要来源，比方说波西米亚和摩洛哥风格斑斓的色彩搭配、英式田园和美式田园温馨的色彩搭配、巴洛克和洛可可风格高贵的色彩搭配、现代主义和工业风格冷静的色彩搭配、好莱坞摄政和复古风格绚丽的色彩搭配等，这些经典搭配不会因潮流的变换和时代的更替而有所变化。

黑色是一种包含了所有色彩的混合色，这意味着它能够与任何色彩搭配而毫无违和感，同时还能够净化和强化其他色彩。当我们感觉到房间的色彩表面轻浮、软弱无力的时候，那是因为缺乏了起稳定作用的黑色，黑色的来源包括画框、花瓶、灯罩和家具等。需要慎重选择以柔弱的白色调作为主色调，就算选了也应该与米白、米黄和象牙白以及自然材料（如原木和石材等）搭配来加强力度。

为了保持软装成为家居空间的主角，同时也方便软装随着年龄、季节、条件和心情等的变化而变化，建议避免过度装饰墙面、地面和顶棚，尽量保持整体背景色调以米白色、浅中性色和浅单色调为主。如果为了某种特殊的视觉效果而选择深色或花色壁纸，建议仅限于局部或者某面墙壁。

2 软装的图案搭配

当代家居软装的图案丰富多样，最传统的是花卉、佩斯利和大马士革图案，最时尚的是千鸟、阿拉伯和扎染图案，最百搭的是条纹、人字纹和菱形图案等，它们不仅存在于布艺织品之上，还存在于陶瓷、花瓶和装饰画等物品之中。在进行图案搭配时，不必将布艺和物品全部都用上，只需适当出现在床品、装饰画和窗帘之上即可。软装中图案的混合原理来自于时装界常用的图案混合方法，多看时装秀有助于提高图案搭配的水平。

总体来说，大部分图案可以分为有机图案（来自于自然界，以花卉、绿植和动物皮纹等为主的图形）和几何图案（由机械的直线和曲线组成，从简单到复杂的图形）两种，选择有机图案的时候，接下来就该考虑几何图案，反之亦然。家居软装的图案搭配包括将花卉、几何、条纹和单色进行组合，或者是将花卉、扎染、几何、波折和单色进行组合等。

无论是布艺、壁纸还
是家具，均通过条纹
图案协调统一

图案搭配提升房间的
整体氛围，同时让图
案之间有所关联

注意避免在一个房间内混合多种动物皮纹，一个房间最好不超过一种。

图案组合如果过于统一会显得僵硬而呆板，所以组合不必匹配而应该相互补充和彼此关联。建议在一个房间内出现不少于3种的图案，并且尽量让图案以3、5、7等单数出现；同时建议组合搭配大、小图案，比如两个小图案搭配一个大图案。让多种图案和睦相处的关键仍然是色彩，从最先选择的图案里面抽取某种你喜欢的色彩，让其反复出现在后面的图案当中，这样无论多少种图案都能够因色彩而联系在一起。图案搭配时需要注意让图案的比例有从小到大的变化，同时需要让图案的形状和线条之间存在某种内在的关联（这里指它们具有相同的特征，比如都有斜线、曲线、菱形或者涡卷形等）。图案的大小比例通常与布艺的大小尺寸成正比。

注意避免过多、过杂和过大的图案令人眼花缭乱，所以需要将几种图案与单色进行搭配组合。比如大花卉图案的沙发可以与条纹、格子或者几何图案的靠枕搭配，同时保持大部分背景以单色为主。可以让类似的图案有节制并且均匀地重复出现在坐垫、靠枕、盖毯、窗帘、地毯、花瓶、台灯基座或者装饰画之上，甚至包括家具上的形状和线条也可以考虑进去，比如纺织品上的菱形图案与交叉桌或者椅腿之间的微妙关系。

　　图案能影响房间的整体氛围，特别是当整体软装缺乏亮点的时候。大图案给房间注入活力，小图案让房间趋于平静。虽然有很多种搭配公式供人选择，但我们不必拘泥于任何套路，可以尝试从最少的图案开始，获得经验和信心之后再逐步增加图案的数量。我们还可以根据季节、心情或者新收获来经常变换，享受图案变化带来的视觉乐趣。

3 软装的材质搭配

　　材质混合的目的在于丰富空间的层次感，进而丰富空间视觉效果，这也是一种在时装界常用的搭配手法。家居软装的材质搭配指的是在同一个房间内应该出现不少于 5 种材质的混合搭配，注意让不同的材质均匀分布在不同物品之上，让视觉随着材质的变化而感受到活力与趣味。

　　不同的材质包括木材类、金属类（包含锻铁、黄铜、铝质、白铁、搪瓷、镀金、镀铬和不锈钢等）、石材类（包含石灰岩、大理石和花岗岩等）、皮革类（包含人造革、马鬃毛、羊毛、羊皮和牛皮等）、织物类（包含从棉麻到绸缎的所有纺织品）、玻璃类（包含透明、有色玻璃和水晶等）、塑料、陶瓷、藤编、竹编、蔬果、花卉和绿植等，当然装修的材料（如瓷砖、水泥、灰泥粉饰、壁纸和油漆等）也都应该包括进去。

　　所有的材质都可以归类到"粗"与"细"两大类当中，材质搭配的基本方法就是粗与细的对比。当一个房间里已经出现很多精致细腻或抛光材质的时候，这时就应该考虑加入一些原始、粗犷或哑光的材质让它们取得某种微妙平衡，反之亦然。建议让某一类材质从比例上占主导地位，另一类为从属地位，其视觉效果比同等比例更加自然。

如果一个房间的材质不够5种，可以考虑人为增添一些，比如不同材质的盖毯或靠枕等。为了制造新、旧材质对比产生的趣味性，人们常常购买旧物件或通过做旧工艺来刻意将新、旧物件混合起来，不仅丰富了视觉效果，它们的时间顺序差也暗示出软装漫长的过程，这是时尚家居常用的搭配手法之一。

虽然我们把材质搭配单独列出来讨论，但它应该与色彩搭配和图案搭配统一考虑，让空间成为以纺织品牵头带领色彩、图案和材质调配出符合个性的一道视觉大餐。从家居软装来说，视觉上的愉悦常常来自于丰富多样的色彩、图案和材质的节奏感和层次感。

材质搭配丰富空间的
层次感，进而丰富空
间的视觉效果

4 软装的形状搭配

　　家居软装的形状包括了二维的平面图形和三维的立体形状，需要用心观察房间里的家具、灯具、花瓶、台灯基座甚至装饰画上的形状和图形是否有着某种相同或相近的特征，比如桌椅都有车削腿、直腿、交叉腿或斜支撑腿等。此外，其他经常考虑的形状搭配还包括沙发与椅子扶手之间的形状特征和椅背之间的形状特征等。

　　所有的搭配要素都有赖于我们敏锐的联想力，因为很多时候形状之间的关联并非一目了然，比方说桌椅的交叉形腿与地毯或者装饰画上的斜线具有关联，与灯具上的交叉线条存有联系，甚至与靠枕上的菱形图案存在某种关系等。

　　软装除了形状之间关联的搭配之外，有时候也需要形状之间的对比来打破过于统一的单调感。为了让一堆靠枕看起来更有亲和力，可以尝试选择一些大小和形状各异的，比如方形、长方形和圆形的组合搭配；在一堆四角饱满的

形状搭配之间既要
有所关联，又要有
所对比

靠枕当中搭配 1~2 个中间凹陷的，也可制造轻松的感觉。
为了营造视觉上的平衡感，当一个房间里出现过多的直线
形状之时，就需要增加一些曲线形状的物品了，反之亦然。

四、软装空间

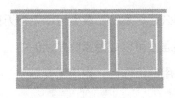

1

起居空间的软装

　　起居空间通常也被称为客厅或者起居室，指专门用来招待客人的空间。不过在日益注重隐私的今天，客人造访的机会不多，故以满足家人日常生活功能的家庭厅往往更为实用。当代家居空间布局的趋势是模糊空间的界限，我们不必按照传统空间的划分去思考空间的用途。

　　起居室里电视机的去留完全取决于个人的喜好，投影仪也不例外。如果起居室里需要电视机，那么也不必非用电视柜与之搭配，矮脚的餐边柜或低矮的书架也别有一番趣味。此外，完全可以通过软装的手段来处理电视背景墙，比如将电视机与装饰画或者搁板、吊柜、书柜等组合在一起进行构图，当电视机融入到构图之中时，会削弱电视机的突兀和孤立感。如果起居室没有电视机或者不把电视机放在显要的位置，那么起居室的布置更可以无拘无束、放开手脚。

　　起居室可以成为家庭生活的中心，比如说为两夫妻设置一张共用的工作台，为孩子安排一个游戏的角落，或是辟出

起居空间可以按照自己和家人的意愿进行安排和布置

一块安静的阅读之地等。作为一名现代都市人，我们根本无需为不属于家庭成员的任何他人作过多考虑，但是应该让每一位家庭成员发表意见，并不被忽略。

很多人坚持认为家居空间里一定要有客厅，客厅里面必须要有一面电视墙，诸如此类的观念无可厚非，只是我们可以尝试更为自由和多样的选择。没人规定厨房或者阳台就不能成为最受欢迎的客厅，也没人规定餐厅就不能和客厅合二为一。作为日常生活作息的主要空间，我们最需要考虑的是每一位家庭成员在此空间里的位置，并且符合个人最舒服的生活习惯。

为房间选择家具之前建议先做好功课，包括量好尺寸、确定整体风格和拟定消费预算等。起居室的家具布置取决于空间大小、生活态度、生活方式和交通线路，比如说一个鼓励交流的起居室需要面对面或者围合式的坐具布置，一个以电视为中心的起居室需要坐具直面电视机并与之保持一定的距离，而一个带有壁炉架或者窗外景色的起居室则需要坐具面朝它们进行布置。起居室的主要坐具有沙发和扶手椅，休闲椅、挡风椅、无扶手矮椅、摇椅、躺椅、软垫条凳和软垫搁脚凳等都可以考虑。几件单人坐具的组合比一件大沙发更适合小空间，房间也会显得灵活生动许多。

通常长沙发和组合沙发与茶几（或咖啡桌）搭配，单人沙发（或扶手椅）、躺椅和休闲椅则与边几搭配。茶几可以由软垫搁脚凳或者旅行箱来充当，也可以由几个边几或凳子组合而成；边几则可以由任何小件家具（比如小桌子或者小抽屉柜等）来替代。茶几、边几的大小和形状根据房间的大小和整体软装风格而定，不过有儿童的家庭需要避免使用带有坚硬直角的家具。

对于较大的起居室，可以用长沙发来分隔使用区域，并且让大部分家具离开墙面。有人喜欢在沙发的背后塞入一张靠墙台桌用于展示桌景，也有人喜欢用躺椅和休闲椅来填补空白的角落。对于较小的起居室，则可以尝试几把扶手椅去代替沙发，试着斜线布置坐具会给小起居室带来更随意的感受。总之，起居室的家具布置越灵活，家人在里面的活动内容也会更加随意和有趣。

起居室的照明应该根据不同的生活内容而定，比如说看电视、看书、玩游戏和交谈等对于光线的要求就很不一样。桌台灯适合看书和交谈，需要注意式样和材质与整体的关系；落地台灯的功能性不太强，但是适合填补角落并以独特的造型取胜；壁灯适合营造迷人的光晕效果，也是很好的墙饰元素；吊灯、平顶灯和带灯泡的吊扇等都能提供均匀的环境照明，适合看电视和玩游戏等活动。

任何单一的照明方式都不能满足所有的生活内容，建议在起居室混合布置不同的照明方式，让光影交替变化产生节奏感。不必强求为沙发两端配置相同的灯具，桌台灯、落地台灯、壁灯的混合应用可以打破对称布置带来的拘谨感。

如果在起居室里没有一个视觉焦点（比如壁炉架或者电视机），那么需要为起居室制造出至少一个焦点，如一幅较大的绘画、一棵造型奇特的植物、一件由名家设计的家具或是一个醒目的桌景、墙饰等。一个起居室内建议至少出现一件名家家具，它能起到画龙点睛的作用，极大地提升房间的气质和时尚感。

无论是简单整洁的起居室还是琳琅满目的起居室，都是主人自己的选择，会深深影响着家里的每一位成员特别是孩子的身心成长，孩子们看到父母为家庭的付出，就是为他们树立了最好的榜样。

客厅里挂一幅特别的
装饰画，能极大地提
升空间气质

2 用餐空间的软装

　　没人规定厨房必须与餐厅界限分明，如果面积够大，用餐空间可以是一个单独的餐厅；如果面积有限，则可以与厨房合二为一，成为厨房的一部分，甚至可以与起居空间融为一体，变成一个多功能的工作区域。有限的空间往往需要一件家具身兼多种功能，餐桌本身不一定只能用餐时使用，用餐前后也可以用作书桌或者工作台等。

　　灯具的式样和材质对于餐厅的视觉效果举足轻重，圆形和正方形的餐桌基本上只有吊灯一项选择，但长方形餐桌的灯具式样则选择较多，有吊杆吊灯、吊链吊灯、吊绳吊灯、灯笼吊灯、台球灯和异形吊灯等，这说明长方形餐桌的可塑性更强。如果希望餐厅成为视觉焦点，可以选择一盏造型别致而又尺度硕大的吊灯，在临近餐桌的墙面上安装 1~2 盏壁灯增加温馨感和亲切感，当然别忘记烛台是能够营造出某种特殊氛围的神奇武器。

圆形和正方形的餐桌适用于较小的餐厅，可延伸或折叠式餐桌是不错的选择；长方形和椭圆形的餐桌适用于较大的餐厅。为了避免餐桌、椅的尺寸与餐厅大小产生矛盾冲突，事先必须量好尺寸再去选购。为了避免餐桌周边过于拥挤，建议餐桌与墙面之间保持至少90cm的距离。

有一种嵌入式软座（又称餐厅式软座、独立式软座）的家具，是一种沿墙边布置的餐桌、椅，特别适用于空间有限的餐厅或者紧邻厨房的家庭餐厅。常见的软座布局以U形、L形和一字形为主，通常为此搭配长方形或者圆形的独腿餐桌，另外再配置几把不同款式的餐椅在外围，显得非常亲切和随意。这种多功能的用餐区域平常也可以用作书桌或是工作台，有些软座的底部还可以是储物箱。

如果想要一个非常正式的餐厅，那就直接购买整套的餐桌、椅，包括餐边柜和储藏柜等。可以尝试将不同品牌、颜

如果空间有限，餐厅可以与厨房合二为一

色、材质和款式的餐桌、椅混合在一起，让餐厅看起来更轻松、时尚，也更生动有趣；也可以尝试将几张餐椅和一张长靠凳或条凳混合起来，给用餐空间营造出一种无拘无束的气氛。混搭餐椅要注意彼此之间的形状应该有所关联，如都有斜撑腿、弯曲腿或都是竖条形椅背等。为了统一视觉效果，可以将彼此形状没有关联的餐椅漆成相同的色调，不过餐桌的形状可以不必与餐椅有所关联。

餐边柜不仅具有非常实用的储藏功能，而且也是餐桌、椅的最佳搭档，在视觉上让餐厅趋于完美。餐边柜的台面除了具有摆放器物的作用之外，也是一个展示的平台，可与装饰画、花艺和工艺品等构成一个赏心悦目的桌景。装饰画可以挂在墙上，也可以搁在餐边柜台面斜靠在墙上，最好让装饰画与台面上的饰品之间进行对话，让彼此之间存在某种内在的关联。

餐厅周围的墙面可以依据个人的喜好去装饰，装饰画的主题包括人物、花卉和蔬果等，也可以展示手工编织篮筐或是摄影作品。建议选择那些与饮食有关的内容题材，这样可以活跃用餐时的气氛，并增进食欲。

3 私密空间的软装

　　现代人都比较注重保护隐私，因此卧室和书房都是我们需要仔细规划的空间。在所有的家居生活空间当中，没有一个房间如卧室那样可以直达主人的私人领地。卧室既是减压舱也是庇护所，除了睡眠的主要功能之外，还兼有阅读、喝茶和工作等功能。你的卧室你做主，在这里你可以展示任何你喜爱的私人物品，让每晚的心情从进入卧室之刻起就感受到无比的放松和愉悦。

　　首先床具必须确保牢固耐用，但过于笨重又会显得缺乏灵巧和轻便。架空的床具可以考虑在其下塞入储藏箱，带抽屉的床具也较为方便且实用。为了自己和家人的身心健康，床具建议考虑实木、皮革、铁艺或铜质的材质。如前所述，卧室内的床具、床头柜、抽屉柜和衣橱等都不必是同一个品牌，木质家具的表面处理也可以各不相同，包括木材的种类也可不必一样。

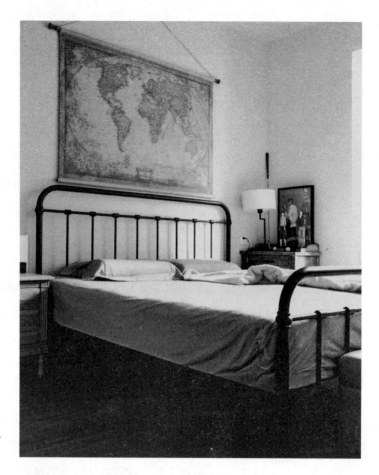

卧室是家居空间当中
最能直达主人的私人
领地

　　卧室需要特别重视床头和床尾这两个地方，床头除了放置床头柜之外，床尾可以考虑摆放床尾凳、床尾储藏箱和床尾沙发等，不要让它光秃秃地空着露出床底。此外，一个极具特色的床头板可以成为卧室空间的视觉焦点，材质包括木质、金属、软包和皮革等，具体形状取决于整体软装风格。

镂空的铁艺床头板适用于较小的卧室，而实心的木质、软包和皮革床头板则适用于较大的卧室，高大的床头板适用于更宽敞和更高大的卧室。如果你有睡前阅读的习惯，可以考虑书架形式的床头板。

一盏别具一格的吊灯会成为卧室的亮点，建议选择造型和材质都富有特色的灯具，如枝形吊灯和平顶灯等。灯具的形状、图案和材质最好与房间内其他软装元素（特别是布艺上的图案）取得关联，这样会使卧室的整体感更强，从而获得更愉悦的视觉效果。吊灯的光线不宜过于强烈，注意床头灯在满足阅读需求的同时尽量避免影响不需要灯光的人。如果在卧室一角布置了一张休闲椅，那么需要为它安排一盏落地台灯或者可拉伸调控的壁灯。

与主卧室双人床两边上下不同，儿童房的床具可以靠墙或者顶角落放置。儿童房的软装考量安全第一，避免任何有安全隐患的物品，通常选择鲜艳活泼的色彩来装饰，比如粉红色、蓝绿色和橙色的组合搭配。

　　只要孩子到了可以清楚表达自己想法的年龄，父母就应该鼓励孩子参与自己房间的装饰，这对他们的成长影响深远。可以直截了当地询问孩子自己的想法，只要合情合理均应表示鼓励和支持。考虑到儿童房随着孩子年龄增长可能进行改变，建议尽量保持房间的简单和整洁，避免任何繁琐、复杂的硬装（装修）。

　　书房既是阅读和工作的地方，也是孩子们做功课的场所，除了一张宽大的书桌、带旋转轴的扶手椅和书架之外，可以考虑放进一张舒适的单人沙发，配上搁脚凳、边桌和落地台灯等，这一切均需根据空间大小和自己的喜好去选择。

　　对于那些从事脑力工作的人士来说，激发创造力的因素之一就包括一个能够触发灵感的工作环境。除了个人喜好之

书房是主人精神世界
的栖息地

外，建议重视以工作为主的书房软装布置，可以考虑摆放一些有助于开阔视野和激活思维的元素，尽量让书房感到轻松、愉快和随性，避免过于严肃、拘谨、单调和沉闷的家庭工作氛围是一个明智的选择。

除非有一个景致优美的窗户，否则需要为书房制造至少一个视觉焦点，以免显得单调乏味。书架、书柜或者搁板上可以展示个人收藏，墙面可以组合悬挂一些家庭照片或者装饰画。一幅收藏的艺术品原作会让那些印刷装饰画黯然失色，也会令人过目不忘。最后别忘了摆上几盆绿植盆栽，它们不仅带来清新的空气，也会放松我们疲劳的眼睛，舒缓紧绷的神经。

4 功能空间的软装

在现代家居生活的概念里，厨房不只是烹饪美食的地方，也应该是家庭的中心，因为它是我们保持健康的动力来源。很多家庭喜欢把厨房封闭起来，不想让油烟影响到其他房间，但这样却忽视了烹饪者的健康。要想真正健康地生活，除了选择高功率的抽油烟机之外，选择少油烟的健康饮食才是解决问题的根本之道。现在提倡的热锅冷油炒菜法和油盐开水煮菜法等都是值得尝试的健康厨艺。

打造一个开放式厨房的好处远多于封闭式厨房，比如开放式厨房有利于交流、鼓励家人的参与感、增进家人之间的亲情，空间布局更加灵活、多变、自由和随意，扩大了空间感和通透感以及重视全家人的健康等。因为厨房开放了，就会逼迫我们不得不有所顾忌，有所考虑，并最终有所改变。

环境照明对于厨房必不可少，可以尝试 1~3 盏装饰性强的灯具，比如灯笼形、环形铁艺吊灯，或小巧玲珑、造型别致的水晶吊灯等，都能制造不同凡响的视觉效果。如果吧台或者岛柜上方设有吊灯，厨房只需安装平顶灯即可。橱柜台面上的工作是非常细致的，需要清晰的照明，应尽量避免和减少身后光线给台面造成阴影，可以尝试在吊柜下面来安装灯管，非常适用。

属于装修（硬装）内容的橱柜对于厨房的重要性不言而喻，但软装饰品才是凸显主人个性和品位的关键。开放式厨房里可以选择开放式搁板，在搁板上摆置几幅个性飞扬的装饰画与精美的餐具和炊具交相辉映；在水槽边或窗台上种植几盆小型盆栽，使厨房散发出一丝绿意。市场上那些别具特色的炊具和餐具本身就是厨房最好的饰品和色彩点缀。另外，铺设一块色泽鲜艳的编织地毯也是一个不错的选择。

如果想要一个充满时代感又洁净的厨房，那么水槽龙头、灶台背板、橱柜台面、橱柜五金件和冰箱等都可以选择拉丝不锈钢的材质；如果梦想一个充满怀旧感又温馨浪漫的厨房，

开放式厨房比封闭式
厨房拥有更多的好处

那么可以考虑陶瓷或搪瓷的橱柜五金件,以及实木橱柜台面、
仿古瓷砖贴墙面和黄铜材质龙头等。

浴室既是功能空间也是私密空间，特别是主人房里的浴室，最好能把客人卫生间与私人浴室分离开来使用。对于较小的浴室，选择立柱盆配上壁挂式储物柜比盥洗柜或者梳妆台来得更加实用和宽敞。淋浴间选用玻璃推拉门显得整洁、明亮（前提是保洁），但是色彩鲜明的单色、条纹图案浴帘会让浴室更加富有个性魅力。

　　除了顶棚的背景照明之外，浴室的灯具可以选择别致的小灯笼形吊灯或小枝形吊灯。为了减少或避免下射光线在脸部造成阴影，除了镜子顶部的镜前灯之外，还可以考虑在镜子两旁安装壁灯，不过注意灯具的式样和材质要与整体风格协调一致。

　　简单添加 1~2 幅极具特色的装饰画和 1~2 盆青翠的绿植都会给浴室增辉添彩。如果想让自家的浴室看起来与众不同，可以考虑围绕某一个主题来展开，比如说华丽的洛可可主题、浪漫的田园主题、粗犷的乡村主题或炫酷的工业主题

只要敢于想象和创新，浴室也是展现个性的舞台

等。所谓的主题并非要在浴室内填满某一类物品，只需稍加点缀几样代表性的（包括灯具）即可。

别具一格的浴室软装布置需要打破一些常规思路，比如不用常规的浴巾挂杆而选择带挂钩的搁板支架，不用相同的瓷砖而选择色彩醒目的瓷砖铺贴洗漱柜后面的墙面，不买现成的洗漱柜而选择梳妆台配脸盆，不装专用的浴室镜而选择造型奇特的镀金镜框等，诸如此类的奇思妙想都会让你的浴室独树一帜。

5 生活空间的软装

　　阳台作为生活空间，不仅仅只是晾晒衣物之处，添加几把椅子和一张小圆桌，或者是一张帆布折叠椅，再配上几盆生机勃勃的绿植，面貌立刻大为改观，变成舒适而又随意的休闲空间。生活空间的功能重叠打破了非此即彼的思维局限，只要敢于想象和勇于尝试，阳台就可以变成一个受全家人欢迎的多功能生活角落。它与大自然最为亲近，稍加整理，就可以是一个与朋友交谈的小客厅，甚至闲暇时的阅读区和休息区。

　　如果不希望阳台受到气候的影响，建议使用带纱窗的铝合金真空双层玻璃窗把阳台封闭起来，它马上就延伸成为半室内、半室外的起居空间。如果是厨房旁的阳台，封闭后既可以是厨房的延伸也可以成为早餐厅。阳台的墙壁或者顶棚上可以考虑安装 1~2 盏壁灯或灯笼式吊灯，当然也可以根据需要添加 1~2 盏落地台灯或桌台灯等。注意阳台家具要尽量避免日晒雨淋，木质、熟铁、铝质、藤编家具会较为合

打破陈规旧俗，让阳台成为起居空间的组成部分

适。为了适应阳台多功能的灵活性，带有折叠功能的家具也十分适用于阳台。

阳台花园越来越成为现代都市白领们减压的憩息之地。在空间、时间和精力都有限的条件之下，盆栽造园是一种不错的选择。保持永恒的三角造型定律是轻易获得最佳视觉效果的不二法门，具体做法是将大小花盆呈单数组合形成前低后高或者中高旁低的造型，花盆可以与任何看似废弃的物件（比如破梯子、旧凳子、废工具等）搭配在一起。不必拘泥于任何规则，只要充分发挥自己的想象力和创造力，就能把阳台打造成梦幻般的世外桃源，当然也可以参考一些自己喜欢的园艺案例。

如今流行在阳台种花和种菜，充分享受劳作的乐趣，很多压力和烦恼也都暂时抛下了。建议为孩子准备一点专门由他们照看的植物，指导并鼓励孩子参与种植，有助于培养孩子对自然的认知和关注。

6

交通空间的软装

家居交通空间包括门厅、过道和楼梯间。门厅是一个家庭的门面和第一印象，如果希望视线自然过渡到起居空间，那么就不必刻意去突出门厅的视觉效果。一面镜子、一块搁板、一个鞋柜和一张换鞋凳是门厅的基本配置。此外，一块防滑橡胶地垫也是贴心的考虑。没人规定家居空间一定要设有一个门厅，如果面积较小，门厅可以直接成为起居室的组成部分；如果面积较大，那么铺上一块醒目的地毯可以令人振奋精神。

专用的门厅适合于面积充裕的户型，其顶棚的正中需要一盏碗形吊灯或者平顶灯进行照明。根据需要，适合摆放的门厅软装元素还包括抽屉柜、半月形桌案、装饰性中心桌、壁灯、装饰画和绿植等。

为门厅营造出某种主题是人们常用的装饰手法，它能够给每一个访客留下美好印象，也能够为家居空间增添活跃的气氛。如果某一次旅行的目的地令你终生难忘，那么

门厅的营造来自于生
活点滴

可以尝试以此目的地的风土人情作为门厅主题，也可以将
家人甚至宠物的照片或者画像作为门厅的主题。门厅主题
的营造无需绞尽脑汁，它往往来自于我们日常生活中那些
打动人心的瞬间。

过道是连接各个房间的交通纽带，不必过度装饰它。尝
试给过道装饰一组家庭照片、1~2 件工艺品挂件或者几盏造
型独特的壁灯就足够。有必要为带有端墙的过道考虑一个视
觉焦点形成端景，比如独特的装饰画、工艺品或小家具等，
当然别忘了装置射灯。

楼梯间无论大小均应一视同仁，可以依据自己的喜好和想象去布置，美术墙的应用能让一个毫不起眼的楼梯间瞬间变成视觉焦点。装饰画顺着楼梯的坡度按照大小不一的混合搭配构成一个充满乐趣的展示墙，小幅画需要组合搭配，大幅艺术品则通常挂在楼梯转角处。

人们常常将楼梯下部形成的三角形空间封闭起来，形成一个储藏室或者小卫生间。空置的楼梯空间可以放置一张靠墙台桌，上面随意摆放一点个人收藏品，在墙面挂一幅较大的装饰画。如果空间够大，也可以考虑放一张小书桌或一把休闲躺椅，当然在墙角斜靠几根粗壮的枯枝来布置一个园艺小景也是不错的选择。只要发挥想象力，我们总能够让一个不起眼的角落变得充满趣味性和富有吸引力。

走道是连接各个房间
的交通纽带

五、软装家具

1 家具的种类与式样

　　市场上的家具产品琳琅满目，常常令人眼花缭乱、无所适从。建议在购买之前先花时间做好功课，确保心中有数之后再去行动，原则上是先把各个房间最重要的家具先行确定，然后再去考虑次要的家具，这样可以节省很多时间。

　　市面上的家具式样大多是从古典或者传统家具之上推陈出新而来，大致分为 20 世纪之前的古典（或传统）家具和 20 世纪之后的现代家具。所谓现代家具又包含了休闲家具（如功能沙发等）、乡村家具（如原木家具等）、混合家具（是传统与现代的混合体）和当代家具（指最新潮的家具）等。

　　家具的种类包括坐具、橱柜、衣柜、抽屉柜、桌子和床具等，式样不一而足，根据每个家庭选择的整体软装风格而定。古典家具的尺寸通常比较宽大，适用于面积充裕的家庭；简约家具的尺寸比较小巧，适用于面积有限的家庭。直接落地无腿的家具从视觉上会缩小空间感，而带腿架空的家具则

将不同式样的家具组
合搭配可以活跃空间
氛围

会让空间显得宽松，因为带腿架空的家具就像女人穿高跟鞋
一样显得轻盈和挺拔。

维多利亚式的家具注重舒适性，深受女性喜爱；法式古
典家具高贵典雅但不适合普通家庭；意大利和西班牙式的家

具古朴厚重，不适合小户型；时尚家具代表潮流趋势，适合时尚人士；现代家具表现时代感，适合不同户型；北欧家具简洁轻巧，适合小户型……家具式样的选择取决于个人喜好、户型大小、经济条件和整体装饰风格等因素。注意比较低矮的坐具往往比高挑的坐具拥有更舒适的坐感，并且会从视觉上拉升房间的高度，这一点在北欧家具和维多利亚式家具当中表现得尤为突出。

在所有的家具当中，屏风是一件值得关注的多功能家具，集装饰性与功能性于一体，有丰富的式样可供选择。无论何种材质的屏风都能够起到阻挡视线、遮蔽阳光、分隔空间和充当背景的作用。传统的鼓形瓷凳和来自于阿拉伯世界的六边形或八边形小桌都是当代家居软装界的宠儿。

壁炉架指装饰壁炉炉膛的外观框架，是欧美家居生活当中一件必不可少的传统家具。尽管早已失去了其原始的功用，但今天的壁炉俨然成为价值的符号和家庭象征，在家庭团聚的日子里，更是有着一层特殊含义，传递出一种家庭的温暖。无论何种材质的壁炉架搁板都是用来展示家庭照片、烛台、花瓶、书籍和个人收藏品的绝佳平台。

带支撑架的搁板是一件容易被忽视的小件家具，不仅具有灵活的实用功能，也具有随意的视觉效果。它为杂物、书籍、陶瓷器皿、小型绿植和手工艺品等提供了一个存放和展示的平台，也可以作为实体家具的最佳搭档和平衡物，还可以填补空白的墙面或墙角。

对于较小的家居空间来说，金属置物架（或储物架）是一件极具收纳功能的实用型家具，可以最大限度地利用垂直空间，适合放置在阳台、储物间或卫生间之内。常见的置物架（或储物架）材质包括木质、铁质、钢质和不锈钢等，应尽量选择结实耐用的材料。

2 家具的识别与挑选

　　一件家具的价值主要体现在三个方面——材料、做工和式样，这是我们挑选家具时需要牢记在心的。过去的家具基本上都是实木家具，特别是那种制作精良、木料上等的家具，因此具有传世的价值。今天的家具虽然不再被人视若珍宝，但毕竟也是软装生活当中最重要的耐用品，因此需要慎重选择。家具并非越贵越好，除了制作质量之外，选择实木家具不仅对自己和家人的健康有保障，而且能够使用更长的时间。

　　识别与挑选家具时，要细看其表面的做工和工艺，更需要细察其背部、底部和内部的细节，确认家具是否真材实料、表里如一、结构合理等，因为看不见的地方往往最容易出现问题。

　　古典实木家具的价值主要体现在精美的雕刻、精致的镶嵌、细致的彩绘和饰面之上，豪华家具还会用到贴金箔的工艺。高档家具常用的木料包括桃花芯木、花梨木、樱桃木和胡桃木等，中档家具常用的木料包括枫木、橡木、桦木和松木等。

为了自己和家人的健康，尽量选择实木家具

建议不要在同一家专卖店购买所有的家具，多跑几家店面进行选择和搭配更有意想不到的效果，因为每家专卖店产品都有自己的优点和缺点，也都有各自的特色。学会最大限度发挥它们各自的优点才有可能规避缺点，也会让挑选家具变得更有乐趣。

3

家具的应用与效果

购买新房的家庭，在确定风格的前提下，先把家具看好可以决定整体装饰色调和格调，然后根据家具尺寸来安排电路插座开关的位置以及空间交通路线等。对于购买二手房的家庭，除非选择购买全新家具，否则需要考虑新家具与旧家具之间的协调关系。在购买新家具的时候，养成与旧物品之间进行关联对比的好习惯，可以避免家里最终变成杂货铺的效果，这也是时尚达人标志性的良好搭配方式。

面积有限的房间在满足基本功能需求之后，应注意适当留白，过于拥挤的家具堆砌会让房间显得更加狭小，而轻松的氛围往往来自于宽松的空间。一个房间需要 1~2 件醒目的家具作为视觉焦点，但是太多的焦点会演变成为一场视觉噪声。建议选择名家设计的家具作为视觉焦点，一个空间至少应该出现一件名家家具。为了体现出视觉的趣味性，建议不要选择成套的家具。

家具选择需要考虑空间的大小，比如大体量的家具就不适合于小空间。对于使用面积有限的家庭来说，选择一件大型的家具不如多选择几件小型家具，比如起居空间里可以放置几件可移动的休闲椅、扶手椅，或配上一把躺椅与硕大的组合式沙发相比，不仅降低了对空间的压迫感，也令空间的视觉效果更为灵活与自由，而且还可以让自己和家人各取所需，互不干扰。

尝试在同一间房内搭配不同特色的家具有以下5个好处：

①混合家具与只有一种特色的家具相比，能产生更加丰富的视觉效果；

②不同特色的家具共处一室可以避免像卖场展厅那样缺乏个性；

③不同特色的家具和睦相处会从视觉上增加软装的广度和深度；

④搭配不同特色的家具就像学会混搭穿着一样，更能彰显主人的个性和品位；

⑤选择不同品牌的家具可以降低因无法预测的因素带来的风险，比如说质量问题。

家具的选择和应用需要根据其所在房间的位置来定，站在房间门口，视觉左、右、前、后的家具高矮和体量应该均匀分布，避免高耸家具（如书柜、展示柜和衣柜等）都集中在一边，而另一边全是低矮家具（如咖啡桌、休闲椅或凳子）的失衡效果。高耸的家具通常放在墙角，然后才用低矮的家具与之搭配。将高、低家具混合搭配（包括高、低灯具的混合）就像高、低音符的节奏一样令视觉效果更加生动活泼。

高低错落、大小不
一的家具组合搭配
能令视觉效果更为
活泼

六、软装灯具

1 灯具的种类与式样

家庭灯具的照明方式主要包括环境照明、工作照明和装饰照明三大类：

①环境照明又称一般照明、背景照明，其种类包括各种吊灯、平顶灯、轨道射灯和嵌入式筒灯等，用于整体背景大环境的主要照明；

②工作照明又称专用照明，其种类包括隐形灯管、桌台灯、落地台灯和台球灯等，用于特定区域的照明；

③装饰照明也称引导照明、重点照明，其种类包括壁灯和射灯等，用于强调和突出某件物品或者制造视觉焦点的照明，有时候纯粹只起装饰作用。

需要特别关注带灯罩的台灯，它们不仅本身功能性极强，还是常用的装饰性灯具，用于点亮角落，营造氛围。一盏造型和材质都独具特色的台灯不仅本身就是视觉焦点，也能增添家庭温暖氛围。挑选桌台灯和落地台灯之时，注意应与整体软装风格协调一致，特别是灯罩和基座的形状、材质、大小和色彩等。

落地台灯是现代家
居空间里的流行照
明方式

古老的壁灯因其装饰性大于实用性而越发少见于现代家庭当中，不过却常用于妆点大型的镜框和绘画。造型和材质极富个性的壁灯本身就是最佳的墙饰元素，可以单独使用也可以与其他元素相混合。

　　带照明功能的吊扇也属于灯具的范畴，具体式样和材质要随空间装饰风格而定。吊扇主要包括现代吊扇、热带吊扇、装饰吊扇和儿童吊扇，除了一般的照明作用，也是现代家庭生活中行之有效的节能家电。

　　对于家居空间来说，间接照明既避免了刺眼的眩光，又产生了柔和、舒适的光线，是一种普遍流行的照明方式。还有一种专门的间接照明，是安装在墙壁的轻质装饰线条上的，反射出柔和的光线，同时也能营造更为壮观的气氛，使顶棚看起来更高。不必为了间接照明而去特意制作吊顶，所有带灯罩的灯具都是间接光线的来源，透过灯罩的光线看起来要柔和许多，同时灯罩的色调也决定了房间的冷暖感受。

2

灯具的识别与挑选

　　选择灯具的式样首先应该考虑它们是否与整体风格协调统一，尽量不要在一个简约的现代风格房间里选用华丽的水晶吊灯，也不要在一个极具时尚感的房间里配置老式的铁艺灯或者黄铜灯，更不要在一个充满田园气息的房间里使用镀铬金属或者塑料材质的灯具。

　　选择台灯的决定因素是灯罩和基座的颜色、材质、形状和式样是否与周围环境格调一致，然后才是其照度。灯罩的颜色既可以与房间的主色调协调，也可以突出自我成为视觉焦点，其材质包括布艺、木质、玻璃、塑料、金属和仿羊皮等。尝试为台灯单独搭配灯罩可以制造意想不到的视觉效果。

　　除了环境照明和装饰照明需要预先确定之外，工作照明灯具可以等家具布置完成之后进行添置。选择时需要综合考虑灯具的特色和功能需求，比如可调节灯可以改变光线的亮度，具鹅颈基座或者旋转臂功能的灯具可以改变光的方向等。

白炽灯泡

LED 灯泡

节能灯泡

　　灯具的尺寸需要与房间的大小相匹配，也需要与房间内
其他的元素（如地毯、花瓶或靠枕等）在色调和式样上协调。
灯具的式样取决于其所起的作用和角色，希望成为视觉焦点

卤素灯泡

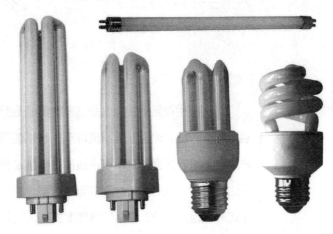

荧光灯管

时可选择造型独特但照明功能不太强的灯具，以照明为主要目时则选择造型简洁但功能强大的灯具。

常用的灯泡包括白炽灯泡（也称钨丝灯泡）、卤素灯泡、荧光灯管（又称日光灯管）和节能灯泡，其中白炽灯泡已基本淘汰，卤素灯泡较少用于家居，荧光灯管和节能灯泡被广泛应用。标有"自然光"或者"冷白光"的节能灯泡适应于阅读、室外照明和工作照明，标有"暖黄光"的节能灯泡适用于起居空间或者重点照明。LED 节能灯泡是一种新型节能灯，以其超长的使用寿命成为室内照明的主流。

3 灯具的应用与效果

　　灯具应用最重要的原则是选择对眼睛最舒适的照明方式，避免刺激眼睛。现代医学研究证明，长期使用过强或者太弱的光线对眼睛的伤害都是不可逆转的，特别是青少年和儿童。为了达到舒适、灵活而又均衡的照明效果，建议选择不同的照明方式进行组合搭配，包括灯具高度的变化和形式的多样。

　　所有眼睛能够看得见光源（灯泡）的灯具均应避免，尝试多应用台灯、壁灯或者沿墙壁的间接照明，或者是嵌入式的筒灯。带灯罩的台灯本身就是间接照明的最佳选择之一，灯罩的透明度决定了灯光透过灯罩的亮度。不透明的灯罩比透明、半透明的灯罩具有更显著的装饰性。现代家居照明流行组合搭配灯具，适当点缀射灯能使房间看起来更有创意和个性。

　　家居软装中灯具选择的顺序是工作照明→环境照明→装饰照明，所以在决定照明的种类与方式之前，首先要了解每个房间的实际照明需要。落地台灯别有一番情趣，尝试一下吊杆、吊链、吊绳吊灯或者壁灯，会让卧室显得更为随意和

只要能够满足功能
需要，其实无需拘
泥于任何固定的照
明方式

时尚。同样的道理也适用于其他房间，令人意想不到的照明
方式总会令人印象深刻。

　　灯具布置的原则和摄影的照明原理是一样的，直射光强
化形体，漫射光弱化形体。光线能影响环境，通过光影、反
射和扩散来制造节奏感，对整体氛围产生积极作用。柔和的
漫射光和坚硬的直射光交替应用，能交相辉映。通常为安静
的环境布置低照度光，为热闹的空间布置高照度光。

七、软装布艺

1 布艺的选择与应用

家居软装的"软"字主要与柔软的织物有关。从广义上来说，只要是应用到了织物就属于布艺的范畴，而改变室内面貌最快捷的方法之一，就是通过更换布艺产品（如床品、窗帘、浴帘、盖毯、靠枕套、椅垫、桌布、桌巾和餐垫等）来达到焕然一新的效果。现代家居软装布艺涵盖了任何动用布料的软装内容，比如用布料更换台灯灯罩、用布料改变软垫椅套、用布料装饰屏风表面、用布料装饰相框，甚至用布料像挂窗帘似的装饰重点背景墙等。

（1）餐用纺织品

家居布艺的种类包括专用于桌子的装饰织品，比如传统的桌布和餐巾就非常流行。桌布既是餐桌的保护物，也是餐桌的配饰，还是衬托食物和餐具的背景。除了花色要与整体软装风格保持一致之外，还要注意其品质与桌子的价值相对等。一块带有醒目色彩、图案的桌布能够瞬间改变餐厅的视觉效果，拖曳的桌布还可以让桌子底部成为额外的储物空间。

桌旗与餐巾　　　另一种常见的装饰织品是桌巾（也称桌旗），材质从普通涤纶到高级丝绸不等，既能保护桌面，又能营造出某种节日气氛。桌巾的两端一般从桌面耷拉下去，端头的流苏象征着财富。为了显示奢华，有些桌旗还会饰以珠宝和刺绣等。一个完美的餐桌布置离不开餐巾和餐垫的选择和布置，同样需要注意其花色与整体风格保持一致。

（2）靠枕与盖毯

靠枕与盖毯是生活中的必需品，家庭的温暖与活力很多时候来自于它们的混合与搭配。注意靠枕的大小、形状、图案和材质需要有所变化，如使用得当，可使室内增添趣味，起到画龙点睛的功效。

可以准备一些不同尺寸、面料和图案的靠枕以备不时之需。在寒冷的日子里，特别需要那种舒适的人造毛皮或者毛线编织的靠枕套；而炎热的夏季，则特别青睐轻质、柔顺的靠枕套。靠枕尺寸要与沙发或扶手椅的大小协调，尽量避免大靠枕配小沙发或者小靠枕配大沙发。当需要挪开靠枕才能坐进沙发的时候，意味着靠枕数量已经太多。

沙发或扶手椅上的盖毯不仅能满足实际功能需要，也是靠枕的最佳搭档。建议选择纯棉或者纯毛的优质盖毯，廉价的化纤毛毯容易损伤皮肤。其色彩要与靠枕和沙发的色彩协调一致，如果选择同一色系，要有深浅变化。

织物是柔化空间的重
要媒介，其中盖毯的
应用十分广泛

（3）地毯

地毯因为较难打理等原因常被忽略，但是精心挑选的地毯在营造家居个性化方面有着举足轻重的作用。小块地毯既可以因为醒目的色彩和图案成为视觉焦点，也可以用来界定某个区域（比如沙发区的背景），还可以用来强调房间的整体色调，或者提升房间的温馨和质感。

围绕小块地毯的坐具常见三种情况：

①全部四条椅腿都在地毯上，适用于大房间；

②全部椅腿都不在地毯上，但是前腿刚刚接触，适用于小房间；

③全部前腿都在地毯上，适用于任何房间。

素色地毯适用于强调原有的地面材料，也适用于色彩丰富并且图案繁杂的房间；带对比色或混合色的地毯适合于色调柔和的房间，图案强烈的地毯则适合于简约风格的房间。无论选择何种地毯，其色彩和图案都要与房间的其他元素取得某种关联，比如地毯上的色彩和图案也出现于靠枕、窗帘、花瓶或者装饰画之上。

（4）手工纺织品

很多人快要忘掉古老手工纺织品的魅力了。用钩针编织做成的窗帘或遮阳帘无论内外都是一样的，且无需做任何辅助装饰处理。钩针编织能有效地保护隐私而不会遮挡光线，因其通透性强而常用作薄纱窗帘，也同样适用于卷帘和罗马帘等。此外，钩针编织还普遍用作床罩、桌布和沙发装饰等。

虽然钩针织物在室内空间只是作为点缀物品，但能增添浓浓的生活气息。在追求高层次精神享受的今天，这类织物越来越多地被引入到室内环境设计当中。

布艺的应用需要遵循色调重复出现的基本原则，一种色彩出现在窗帘上，相同或者类似的色彩也应该出现在床单、靠枕、盖毯、地毯、布艺沙发、花瓶和装饰画等物品之上。布艺面料的花色取决于整体家居软装风格，如整体是古典风

手工布艺散发浓浓的
生活气息

格，那么面料花色宜选择淡雅的花卉、佩斯利涡旋纹或者条纹图案；如整体是简约风格，那么面料选择应以素色为主，搭配抽象几何图案；如果整体是浪漫情调，那么面料可以尝试更丰富的色彩，当然白色也是不错的选择。色调可以根据季节的变化而变换，暖色调（如咖啡色、奶油色等）适用于秋、冬季节，冷色调（如蓝色、绿色等）则适用于春、夏季节。

　　布艺是硬质材料的调和剂和柔化剂，当一个房间感觉太冷或者太硬的时候，布艺能起到中和的作用。布艺面料的选择要素包括手感和视觉效果两方面，对于直接与肌肤接触的纺织品（如床品），应该以柔软舒适的棉、麻、丝绸和法兰绒为主；间接与肌肤接触的纺织品（如靠枕套、坐垫套和沙发面料等）应该以耐磨的棉涤混纺为主；对于与肌肤很少接触的纺织品（如窗帘、帘头和地毯等）则可以选择化纤织物。挑选布料的时候，质感远比花色和款式重要得多。如果对于花色搭配没有十足的把握，建议选择素色布料。

2 床饰的选择与应用

传统的床饰包括床幔（也称床帘）、床帷（又称床帐）、床裙和床头华盖等，现代卧室床品则比较简洁，主要包括床单、床罩、枕套、被套等。布艺的面料选择往往取决于整体软装风格，如丝绸、锦缎和天鹅绒适用于传统风格，棉布和亚麻布则适用于现代风格。

一套高品质的床品对于睡眠质量有着直接的帮助。全棉被公认为是最舒适的床品材质，同时能满足冬暖夏凉的要求。床品织物的经纬密度越高意味着质量越好，手感越柔软，价格也就越昂贵。

（1）床罩

传统床罩也称床盖，是指覆盖在床垫最外层的装饰性织物。现代床罩泛指床垫上的覆盖物，比如被子和毯子。它通常比床单的尺寸更大（三边几乎垂到地板）也更厚（有填充物）。床单是一种轻质的床罩，也可能有填充物，传统上仅

床品的品质对健康尤为重要，父母应该鼓励孩子参与装饰并挑选

起装饰作用。现代床单指人体直接睡在其上的那块织物，因此需要经常更换。

（2）枕套

传统枕套属于装饰性枕套，通常堆积于普通枕套和床罩的上面而引人注目，常常饰以褶皱花边，且名目繁多，比如绣花抱枕、花边枕头和闺枕等，起修饰作用。现代家居一般选用普通枕套，同时为了让床面显得干净而将普通枕套放在床罩的下面。如果想给床具增添情调，可以在普通枕套外面搭配 1~3 个花色靠枕，只是注意与房间其他布艺的协调性。

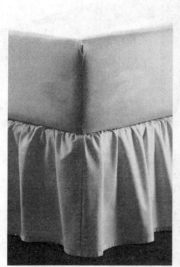

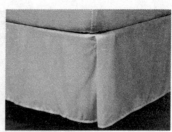

箱形褶裥边式床裙

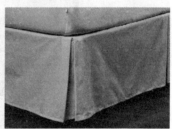

皱褶边式床裙

套装式床裙

（3）床裙

床裙是用来遮掩床具底部的装饰性织物，也是传统床饰的重要组成部分，它让床具看起来更加雅致和整洁。通常大床需要丰富褶皱的床裙（比如皱褶边式和箱形褶裥边式床裙），小床只用简单的床裙即可。不过现代卧室不一定非要用传统床裙，只需保持床底干净整洁，就算让其暴露也无妨。

（4）华盖

传统床头华盖的式样包括华丽的富贵式、古典的头冠式到简单的波兰圆环式和边帐式等，现代床头华盖简化了造型，仅用于高大的卧室或者女孩卧室。华盖让高大卧室显得不那么空旷，女孩卧室的华盖让女孩感觉自己像个公主。现代床头华盖通常是在床头墙面与顶棚相接处安装一个金属圆环，将织物如窗帘一般穿环后从顶棚倾泻而下，被床头板一分为二后自由垂落地面。床头华盖也偶用于沙发背后作为背景墙，沙发靠背如同床头板一样将织物分开两旁垂下，营造出一种温馨的浪漫气氛。

（5）床帷

床帷（也称床帐）也是常用的传统床饰之一，一般采用白色薄纱制作。床帷源自于亚洲的热带地区，起到类似于蚊帐的作用。现代床帷主要用于四柱床，除了实用的避蚊功能之外，也是床具的床饰。有的床帷只是搭在了四柱床的框架上，成为纯粹的装饰性织物。

3 窗饰的选择与应用

　　窗帘意指运用布料对窗户进行装饰，是布艺当中的重头戏，能起到将整体布艺统一起来的作用。它不仅可以挡尘，还可以遮挡视线和阳光（其中纱帘既可以保护隐私又不遮挡光线），是室内不可或缺的一员。

　　为了最佳的视觉效果，窗帘的式样应该随着整体环境格调而定，素色化纤扣眼或吊带窗帘适用于现代风格，花色棉麻带窗帘杆式帘头适用于传统风格，而素色天鹅绒带垂花式（或气球式）帘头则适用于古典风格。就视觉效果而言，窗帘（包括遮阳帘）的花色和质感比式样重要很多。选择窗帘花色的基本原则——如果墙面有图案，那么窗帘选素色，反之则选花色。

　　窗帘花色的基本原则还包括：

　　①深色、厚重的窗帘需要与房间内相同色调的灯罩和靠枕等相呼应，与浅色或白色背景形成对比；

　　②轻薄的浅色窗帘适用于明亮的房间并融入背景，也可与深色墙面形成对比；

③米色窗帘适用于优雅的房间并可与奶油巧克力色、可可色或深沙色相呼应；

④明亮色调的窗帘需要与房间内相同色调的家具和饰品相呼应；

⑤横条纹图案的窗帘能扩大房间的空间感，竖条纹图案的窗帘能提升房间的高度感；

⑥明亮图案的窗帘需要让图案中的色彩在家具、靠枕、花卉或者装饰画中重复出现。

现代家居窗饰注重节能功效，常常结合遮阳帘和窗帘的双重效果。衬里是窗帘面料外层的遮阳板和遮挡板，可以防止面料褪色，也可以避免面料外露，它与面料一起搭配产生有效的保温隔热层。衬里的面料取决于光线控制的要求程度，它使窗帘看起来更加饱满、厚重，因此也比单层窗帘显得更为正式。

一般来说，窗帘越长房间显得越正式，反之则越随意。窗帘开启之后可以选择布束带、绳索束带、吊穗束带、串珠

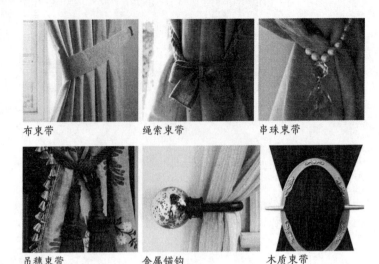

布束带   绳索束带   串珠束带

吊穗束带   金属锚钩   木质束带

束带或者金属锚钩等方式将之固定在窗户两旁，既增添窗帘的美感，又不影响光线入内。

窗帘的悬挂方式包括轨道式和窗帘杆式两种，轨道式窗帘需要用帘头或者帘盒来遮掩轨道；窗帘杆式窗帘不必掩盖窗帘杆，反而要将其显露出来。完美的窗饰离不开一副漂亮的杆头，通常杆头的式样越复杂窗帘会显得越高贵。实木窗帘杆质朴亲切，锻铁窗帘杆古朴典雅，不锈钢窗帘杆时尚简约，黄铜窗帘杆则华丽尊贵。窗帘杆的直径应与窗帘的大小成正比，通常帘杆两端从窗户垂直边框各伸出 10~15cm，而且将窗帘安装在靠近顶角线的位置会让顶棚显高。

帘眉是指窗帘与窗帘杆连接部位的式样。常用的帘眉式样包括：

①吊带（又称吊绳）帘眉属于非正式现代帘眉，通常采用与窗帘相同的布料制作；

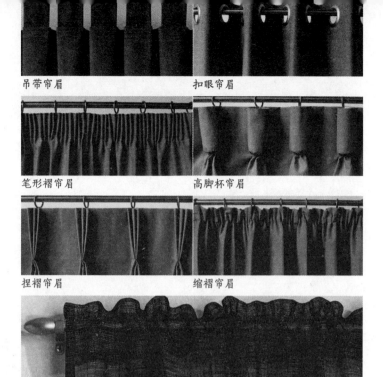

吊带帘眉　　　　　　　　扣眼帘眉

笔形褶帘眉　　　　　　　高脚杯帘眉

捏褶帘眉　　　　　　　　缩褶帘眉

穿槽帘眉

　　②扣眼帘眉属于正式现代帘眉；

　　③穿槽帘眉属于非正式传统帘眉，由于褶皱堆积难以让窗帘自由滑动，适用于不常开启的窗户，最好采用薄纱布来制作；

　　④缩褶帘眉属于非正式传统帘眉，它通过拉紧顶部的绳索产生"缩褶"或者"皱褶"，因此用料较多；

　　⑤高脚杯帘眉属于正式传统帘眉，它制作复杂但是视觉效果非比寻常；

　　⑥笔形褶帘眉属于正式传统帘眉，它看起来整洁有序，但是用料更多；

　　⑦捏褶帘眉属于正式传统帘眉，其特点为1~3褶为一组褶皱，整体形象规整。

帘头在窗帘顶端，是起装饰作用的部分，除非整体窗饰设计庄重典雅，或者希望帘头成为房间的视觉焦点，否则不必考虑过于华丽和复杂的帘头。帘头的垂直尺寸需要根据窗户的大小而定，宽帘头会让矮窗显高，窄帘头则让高窗显矮。

　　传统帘头的式样五花八门，有气球式帘头、褶裥式帘头、折叠式帘头和垂花饰帘头等，现代家居窗饰大多只考虑窗帘杆式或者窗帘盒式帘头两种。有一种叫做半截帘（又称咖啡帘）的帘头，因兼具私密性和保障光线的优点而被广泛应用于厨房、餐厅和浴室等房间。

　　帘头与窗帘不必采用相同的布料，不同布料的组合搭配会让窗饰看起来更加活泼和随意。

　　①素色与印花的组合。可由印花窗帘和素色帘头组成，也可由素色窗帘和印花帘头组成。可以选择一种与窗帘色彩

半截帘（又称咖啡帘）
广泛应用于厨房、餐
厅和浴室等房间

相近的印花织物，或者是与其他织物不冲突的深色织物进行搭配。

②不同质地的组合。由不同质地的窗帘和帘头组合而成，比方说丝绸的窗帘与镶有蕾丝花边帘头的组合、缎子帘头与蕾丝窗帘的组合，当然也可以用粗糙、厚重的织物与轻薄的织物相搭配，还可以用提花窗帘与塔夫绸帘头相搭配，或者用绳绒窗帘与丝绸帘头相搭配等。

③同一色彩不同色调的组合。通过运用某一色彩的不同色调，使窗饰产生层次感，具体的做法是选择深色的窗帘配上浅色的帘头，反之亦然。

④各种印花的混搭组合。这是一种相对较难的搭配方法，如果搭配得当，不同花色的帘身与帘头能够很好地融为一体，比如说印有儿童玩具的帘身配上印有英文字母的帘头，或者用条纹图案的帘身配上波尔卡斑点图案（或是棋盘格图案）的帘头。

常见的窗帘盒主要包括以下两种：

①硬窗帘盒的面板只粘贴一层布料，无褶皱或褶边，适用于装饰遮阳帘；

②软窗帘盒在面板布料的后面还有一层软衬垫，适用于装饰轨道式窗帘。注意窗帘盒面板布料的花色应该与房间内的床罩、靠枕和床单等有所关联，或者直接选用与窗帘相同的布料。

遮阳帘因其干净、整洁和清新的外观，成为现代家居窗饰的首选。选择遮阳帘时要特别注重五金件的品质，它会决定遮阳帘的使用效果。可供选择的遮阳帘包括卷帘、罗马帘、布帘、水平百叶帘、垂直百叶帘、折叠帘和竹帘等。布帘中的奥地利帘和花彩帘显得华丽而高雅，水平百叶帘经济实用，垂直百叶帘适用于推拉玻璃门，折叠帘则适用于小窗，竹帘也可以做成卷帘和罗马帘式样。它们均可以安装在窗框内侧和外侧，内侧的遮阳效果会比外侧更好。

卷帘　　　　　罗马帘　　　　　水平百叶帘　　折叠帘　　垂直百叶帘

奥地利帘　　　　花彩帘　　　　　竹帘

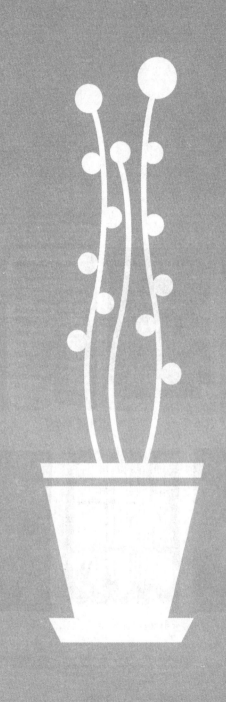

八、软装花艺

1

花艺的应用

　　"花艺"容易让人误以为只与花卉有关，其实它还包括了灌木、蕨类和枯枝等植物。花卉带来鲜艳、活泼的视觉效果，绿植给空间注入生命和活力，而枯枝则可以制造某种寂静或孤独的意境。除了具有净化空气的作用之外，现代心理学研究证明，无论是花卉还是绿植都有助于缓解人们的精神压力。

　　花艺主要包含了东方花艺和西方花艺两大流派，其中东方花艺以中式插花和日式插花为代表，以线型为外观特征，表现出简约、松散和自然的造型；西方花艺以团型为外观特色，表现出饱满、紧凑和丰富的造型。无论是东方花艺还是西方花艺，都需要根据周围软装环境来进行选择，现代花艺的趋势是将东西方的外观特点合二为一，表现出"线－团"结合的造型。

花艺装饰特点表

序号	软装风格	花艺装饰特点
1	新古典风格	讲究对称美，形式上多采用几何对称的布局，有明确的贯穿轴线与对称关系。色彩不拘于一种，但必须有 1~2 个主花色，并辅以其他花色的陪衬
2	新中式风格	追求以花喻事、拟人、抒情和言志，花材选择以枝杆修长、叶片飘逸、花小色淡的种类为主，如梅花、菊花、茶花、迎春花等
3	日式风格	注重禅宗的审美理念，表现平淡、含蓄、单纯和空灵之美。花材一般选择清晰的线条植物，造型清新脱俗，有较强的几何立体感
4	欧式风格	注重花材造型，强调华丽的装饰，表现雍容华贵的格调。白色、金色、黄色、暗红色是常见的主色调，且喜用晶莹剔透的漂亮花器
5	田园风格	"自然的表现"是其主要特点，花材顺手拈来，小碎花花形的各种花材是主流。常用非对称设计手法，呈现曲线的趣味
6	现代风格	花材选择广泛，非植物材料也广泛采用。注重人工美和自然美的和谐统一，造型灵活多变，色彩丰富
7	东南亚风格	具热带雨林的自然之美和浓郁的民族特色。以热带植物为主，如散尾葵、红掌、天堂鸟等，辅材多用树根、棕榈叶、芭蕉叶等。花器广泛应用天然原材料，如藤编、竹编的器皿和陶罐等

插花可以凭借自己的感觉进行尝试，花型简单的花材可以多用些，长短混合、高低错落比整齐划一更显自然；花型复杂的少用些，很多时候只需剪一两枝就已经足够，请时刻记住适可而止的插花原则。花瓣的色彩与空间内其他物品的色彩最好有所关联，相互呼应。花枝的多少往往取决于瓶口的大小，这也是选择花瓶形状的因素之一。

造型高耸的花束通常比花瓶高1.5倍，如果是相同色系，建议选择不同纹理（指花瓣的粗细质感）的花卉进行搭配，其视觉效果会更显生动有趣。植物质感的粗细应该与花瓶质感的粗细相对应，比如鲜花插玻璃花瓶、枯枝插粗陶罐、绿植栽陶瓷花盆等。除了使用一些基本的方法和技巧进行花艺搭配外，也可以发挥自己的想象力去应用鲜花和绿植，只要能带来心情和视觉上的愉悦即可。

刚刚购买的鲜花，在插制之前要切去一点花茎，这样有助于吸收水分，同时还要摘除那些有可能浸入水中的叶子。

自然花艺让家居生活
与自然融为一体

有一则关于养花的小诀窍，在瓶中放入少许食盐可以防腐（食盐和水的比例为 1：100）；放同样比例的白糖可以增加营养；在 500 克的水中放入研成粉末的阿司匹林半片或者维生素 C 一片，可以延长花期效果。另外，尽可能使用接近室温的干净河水、雨水或者塘水，如果只能用自来水，最好先将自来水存放在水罐中一天后再用。

现代家居软装流行自然花艺，意指呈现自然形态和自然景观的绿植布置，极力避免人工制造的痕迹。通常选择常用的器物作为花瓶使用，如喷水壶、小水桶、小竹篮等，并采用简单处理的花材让它们随意摆放，目的是为了营造出一种轻松、随意的生活环境，追求与自然融为一体的质朴感受。

花艺在空间摆放的位置非常重要，没有一个花艺适合于所有的位置，也没有一个位置适合放置所有花艺。建议把花艺放到最后考虑，待其他软装元素都布置得差不多的时候再行决定。

2

花瓶的选择

花瓶作为整体软装的重要组成部分，有时候可以起到举足轻重的作用，一只体量硕大的花瓶甚至可以主导整个软装方向。一只花瓶无论插上鲜花还是种上植物，只要它分量够大就足以成为房间的主角，所以大号花瓶会让空间产生意想不到的视觉效果，可令一个孤单的角落成为视觉焦点。

花瓶并非仅指专门去家居市场购买的玻璃、金属、陶瓷等材质器皿，生活当中的任何器物只要造型独特都可以拿来当作花瓶使用，比如喝完的饮料瓶、用过的食品桶、盛酒的陶罐或者带把手的水壶等，别有一番质朴的情趣。有一些非生活用品的器皿，在清洁之后也可当作花瓶使用，比如废弃的工业用器皿或者劳作工具等。

有些空间使用一个花瓶就已足够，但要注意其形状、材质和颜色的选择；有些空间需要多个大小不一的花瓶进行组合，它们的形状既要有变化又要有所关联。醒目的视觉效果

生活当中的任何器物
都可以拿来作为花瓶
使用

造型独特的多肉植物
盆栽

当作花瓶的空酒坛别
有一番质朴的情趣

通常来自于对比，花瓶颜色的深浅选择与其所处的背景颜色最好成反比，深色花瓶配浅色背景，浅色花瓶配深色背景。花瓶的线条也最好与其所处房间的线条特征成反比，比如曲线花瓶配直线背景，直线花瓶则配曲线背景。

落地花瓶是指那种尺寸较大的花瓶，单个的可以摆放在某一角落；3~5 个高低错落的落地花瓶则适合装饰较大空间；粗糙的落地陶罐适合插上一把干草或者几根枯枝来营造一种自然气息。落地花瓶还是大件家具的最佳搭档，本身极具艺术感的落地花瓶最好让其独处。

花瓶里不一定非要插上鲜花或者树枝，特别是造型和材质独具特色的花瓶，就让它静静地独处一角吧。可以尝试一些别具创意的插花玩法，比如在玻璃花瓶里放入一点砂砾、鹅卵石、几只贝壳或者人造水果，即使只是注入一些有色水也会别具情趣。

3 园艺造景

当今室内环境污染日益严重，有化学性污染、放射性污染、物理性污染与大气颗粒物污染等。特别是对于新装修的房子，由于使用了大量的人造板及其制品、粘胶剂、油漆、涂料等，它们散发出来的甲醛、苯、二甲苯等物质会对人们的身体健康带来危害。为了消除或减少这些有害气体，人们采取了很多措施，想出了不少办法，其中就包括使用绿色植物。

绿植适合于填补房间里那些无用的死角和空白，自己则成为鲜活的雕塑，有时候大面积的空白墙面正好成为雕塑感极强植物的绝妙背景（如龙血树、仙人掌等）。绿植也常用于遮掩不太雅观的设备管道和墙体等。

家居常用的绿色植物品种，除美化空间的功能之外，选择时还特别注重其抗污染的功效和对人体健康是否有益。

家居常用绿色植物表

序号	区域	植物品种	代表图片
1	客厅	吊兰、虎尾兰、万年青、大花蕙兰、散尾葵、巴西铁、君子兰、发财树、蝴蝶兰、金钱树等	散尾葵
2	卧室	金琥、仙人掌、仙人球等	仙人球
3	厨房	绿萝、常春藤、薰衣草、驱蚊草、水仙花等	绿萝
4	阳台	菊花、百合、一串红、大丽花、芦荟、月季等	菊花
5	卫生间	海芋、绿巨人、蕨类植物等	海芋

如果想要一个花园般的家居空间，花艺和绿植都是点缀和点亮房间的有机物。通过悬吊、桌台面、搁板、爬藤架、花架和落地等布置方式，让它们均匀分布并高低错落组成一个小景致。大型的绿植可以直接落地用来填补空白的旮旯，或者与座椅和落地台灯形成一个安静的角落。将真花与假花混合应用也能产生生机勃勃的视觉效果，较易于打理。此外，居室内选择养护相对容易且干净的水养植物，也是一种不错的选择。

　　可以考虑为茉莉、铁线莲、藤本月季、常春藤等植物竖立方格篱笆与落地盆栽形成立体花园。除了盆栽之外，移动花槽和栏杆花槽也常用于阳台花园，它们与盆栽、格架和悬吊花盆等一起构成高低错落的景观花园。如果不能保障按时洒水，可以考虑安装一套自动洒水系统。

园艺给家居空间带来
鲜活的生命力

九、软装桌景

1 桌景的概念与内容

桌景是指运用饰品或者物件在桌面形成的迷你景观，既丰富视觉效果，又表达了个人情感。桌景的主题丰富多彩，内容包括花瓶、烛台、相框、座钟、书籍、瓷器和编织品等，不一而足。其中相框能延续美好的记忆，座钟能提醒飞逝的时光，书籍能唤醒沉睡的大脑，饰品能抚慰我们麻木的五感，而台灯则照亮桌面带来光明。

此外，任何个人的收藏、家人的手工、旅行的收获、朋友的礼物和过时的老物件等都可以包含在内，它们比购买的饰品更富生活的质感。某次郊游在河边捡到的漂亮鹅卵石、山林里拾到的一截干枯枝条、海滨沙滩上偶遇的贝壳、一个喝完但造型古朴的酒坛或者老农手工编织的竹篮等，都会给家庭带来一股朴实和自然的气息。

利用废弃物品（比如酒瓶、饮料瓶）作为花瓶（注：去甲油可以帮助去除瓶身的标签）可给空间带来强烈的生活情调，选择一些自然材料（如藤、竹和木等）制作的民间手工

任何物品都可以成为
桌景的构成元素

艺品能带来浓郁的文化气息，个人收藏品则给空间带来与众
不同的个性展示。

当购买的新饰品、淘来的旧物件与具有异域风情的工艺
品混合在一起时，会产生一种奇妙的时空穿越感，新与旧之
间、东方与西方之间会产生一种奇妙的对话，也让小小的家
庭有了更丰富的文化气息。也可以尝试通过桌景来讲述自己
的故事，比如用绘图工具和建筑模型等来暗示自己的建筑专
业背景，用唱片和乐器等来表明自己的音乐爱好，等等。

2 桌景的构图与布置

　　常见的桌景展示平台包括茶几、边几、餐桌、餐边柜、靠墙台桌和床头柜等。当没有平台的时候可以去创造平台，比如利用书架或者壁炉架安装几块搁板等，够宽的窗台也适用作为桌景平台。桌景可以由多件物品组合而成，也可以由单件物品独立完成，通常它是一件色彩、尺寸和形状等都非常引人注目的物品，理所当然成为视觉焦点。

　　桌景可以有很明确的主题，也可以没有主题，只要自己觉得好看就行。没有主题的桌景，建议考虑一下参与桌景元素之间的关联，比如色彩、图案、材质和形状等。主题通常是个人感受、观念、思想和职业等的外在表现，比如高尔夫主题展现了个人爱好，蔬果主题传达了个人理念，海洋主题表明了个人关注，设计主题表露了个人职业，工业主题暗示了个人思想，诸如此类。一个好的主题总是能够带给人们思考和回味的感受。

桌景可以有主题，也
可以没有主题，随心
所欲就好

桌景属于三维立体构图，如果布置在离开墙面的居中位置，需要注意不同角度的视觉效果；如果布置在靠墙的台面，则只需注意正面的视觉效果。

桌景的起点往往是从最先拥有的某件物品开始，围绕着该物品的主题再去寻找与之有关联的物品，这可能是一个漫长的、充满期待和惊喜的过程。桌景的构图讲究高度和深度的高低变化，要求错落有致、大小搭配，各元素材质之间需要粗细对比，比如水晶与粗陶、瓷器与铁艺的对比等。桌景布置的顺序通常是先大后小，在主题饰品确定后，再用小饰品进行搭配和衬托，大饰品往往就是桌景的视觉焦点。

让饰品高低错落摆放，形成一个大致的三角形构图，但要避免僵硬的对称布置。尽量选择3、5、7这样的单数组合，并且呈对角放置，3个一组是最基本的桌景构图原则。不必拘泥于任何陈规旧俗和条条框框，可以凭着心里感受去尝试和不断调整，而不定期的变换状态也是保持家居生活新鲜感的乐趣来源。

3 桌景的应用与效果

桌景贵在有趣而不在于多少和大小，一个令人印象深刻的桌景需要表现出层次感、整体感和亲切感，其中层次感来自于参与元素的高低错落和材质变化，整体感来自和谐的外观造型、材质和比例，亲切感则来自于亲情、生活和个人情趣。桌景的目的在于美化环境，不应该为桌景而桌景，如果说咖啡桌上的桌景虽然很漂亮却放不下一杯咖啡，那就失去了其存在的意义。注意一个房间并非每一个角落都需要充满装饰。

创作一个美妙桌景的关键在于平衡感。平衡感并非意味着左右对称的平衡，而是参与桌景的元素在比例、色彩和材质上的搭配，它们不一定成正比例，但是能营造出一种和谐感。平衡感也好比保持平衡的天平，一个大相框旁边总是需要几个小花瓶与之取得平衡。桌景各元素之间表面上看来也许并不匹配，但当它们聚集在一起的时候，就能找到某种内在的关联。

桌景贵在有趣而不必
在意多少和大小

　　桌景的应用不必遵循任何固定的模式，通常对称布置会
带来拘谨与严肃的感受，非对称布置产生随意与自然的感觉。
短桌面以三角形构图为主，长桌面则可能由两个三角形构图
来完成。桌景的构成元素多寡不一，通常取决于台面的大小
和个人的喜好，只要家人感到愉悦和具有美感即可。

　　托盘是制造迷你桌景的神奇武器，当我们面对一堆散置
物品束手无策时，其聚合作用立刻凸显出来，能够将看似杂
乱无章的东西统一起来并显得井然有序。不必过于追求托盘
本身造型的复杂和华丽，它既是展示桌景的舞台，也是承接

杯碟的盘子，特别适用于表面不太稳定的家具（如布艺家具）以及需要移动的情况，比如从此茶几移到彼茶几。选择托盘的造型和材质应该与整体软装风格保持协调一致。

餐桌桌面是桌景常用的舞台之一，其上的桌景也被称为中心饰品。中心饰品可以是一个花艺作品，也可以是一对别具一格的烛台。创造这种桌景需要发挥一些想象力，可以尝试把无烟无味的蜡烛漂浮在一碗水池之中，也可以收集一些干燥的松果漆成金色，或者用一些小树枝与鲜花做成插花艺术品放在餐桌中央，还可以根据四季节气变换来应景装饰餐桌等。

宴会上的桌景应该根据聚会的目的和来宾年龄等综合进行考虑，比如特别的节日或特别的日子等。如果来宾以孩子为主，桌景的内容则需要考虑孩子们喜爱的图形或者故事。注意餐桌桌景设置不能太高而遮挡了对方就座宾客的视线，也不应该因桌景太多而妨碍了人们摆放杯碟碗筷。

十、软装墙饰

1 墙饰的概念与内容

　　墙饰是展示艺术品位和个人情感的垂直舞台，也是创造视觉焦点的主要形式。墙饰主要指应用装饰画、摄影作品等来美化墙面，从单幅到多幅不等，一般需要根据空间大小和整体风格来选择。当装饰画上的色彩与房间的主色调达成某种关联的时候，艺术作品就与房间的整体装饰融为一体了。如果是一件艺术品原作，那么有必要为其配上射灯。需要特别指出的是，摄影作品往往比装饰画更能彰显个人品位，而且黑白摄影比彩色摄影作品更具视觉冲击力，也更适用于个性家居的墙饰。

　　除了装饰画之外，墙饰的元素还包括绘画、壁画、镜子、挂钟、彩绘瓷盘、铁花、壁毯和墙挂雕塑等，其中挂钟的装饰性大于实用性。墙饰并没有任何限制，某些极具个人色彩的收藏品或者旧物件都是很好的装饰内容。对于喜欢自己动手的人来说，利用织品、壁纸、植物、海报、生活照片等制作的装饰画更是独一无二。当然，不要忘记孩子的绘画作品

只要自己喜欢，任何物品都可以成为墙饰的构成元素

就是最好的墙饰内容，可以考虑为他们专门设置一面展示墙。

搁板是墙饰常用的道具，不仅为饰品和装饰画提供一个展示的平台，还能让它们看起来更加整洁并且可以随时变换。

在墙面适度悬挂彩绘瓷盘是传统墙饰的手法之一，常常出现在田园、乡村、怀旧和维多利亚风格之类的空间当中。这种装饰手法至今仍然深受人们喜爱，而且瓷盘的种类和花色也有了更多的选择，它们通常能与同样圆形的挂钟和睦相处。

受传统文化的影响，我们会非常谨慎地对待镜子的应用，除了卧室之外，其他房间装饰镜子应该没有什么问题。镜子本身具有装饰性，也是扩展空间感的神奇武器之一，其反射作用会让人产生空间延伸的错觉，折射的光线还能营造出迷人的气氛。

　　铁花原是地中海地区传统的手工锻铁工艺品，广泛应用于传统家居空间的墙饰；现代铁艺则属于采用铁艺来创作的艺术品。有别于传统铁花的复杂图案，现代铁艺的造型简洁、自由和抽象，非常适用于现代家居墙饰。

　　壁毯是一件历久弥新的古老墙饰元素，几乎适用于所有房间。其款式、花色和尺寸取决于个人喜好、整体风格、悬挂位置和墙面大小等。传统壁毯通常由毯子、挂杆、杆头和吊穗组成，适用于装饰高大、空白的墙面，特别是那种华丽而庄重的空间，现代壁毯则与现代艺术品无异。注意不要过多应用壁毯，以免让人产生压抑和拥堵感。

2 墙饰的位置与手法

　　无论房间的大小、高低、尺寸如何，挂画均应保持在人站立时水平视线的高度。常见的应用墙面包括沙发背景墙、电视背景墙、床头板背景墙、书桌背景墙、楼梯间墙、走道墙以及角落墙等。无论是展示装饰画还是家庭照片，都要小心谨慎地考虑和安排它们的位置，在实施之前建议先在纸上进行规划，然后不断调整至满意为止。镜子的位置通常取决于在某个角度从镜中能看到你想反射的物品（比如吊灯、装饰画等）。

　　一般来说，浓墨重彩的装饰画适合于与浅色背景搭配，清新淡雅的装饰画适合于与深色背景搭配；竖向的装饰画可以从视觉上提升房间的高度，横向的装饰画则能够从视觉上增加房间的宽度。为达到更好的墙饰效果，平时我们需要阅读一些专业的艺术书籍，了解一点关于美学的主要流派（如古典、印象和抽象派等）、主要画种（如油画、水彩和素描等）以及主要题材（如风景、人物、静物、动植物和图案等），有助于我们做出最合适的选择。

选择单幅大号装饰画还是组合多幅小号装饰画往往取决于房间的大小和整体软装风格。一般来说，空间越大，装饰画尺寸越大，而数量应该越少，反之则反。多幅装饰画的组合构图不必拘泥于什么公式套路，完全可以凭借个人的眼光、喜好和感觉去布置，当然多看、多问有助于获得更好的视觉效果。总体来说，墙饰的视觉效果主要取决于整体画面的均衡感与有机感，所谓有机感就是像自然生长般非对称构图。

　　墙饰不必布置得太多太挤，需要留出一部分空白让其呼吸，也留给人们更多的想象空间。就算有很多东西想装饰其上，仍然需要留有继续发展和变化的余地。一个有机的组合装饰画常常表现出可持续性的发展态势，意味着不必做得太满而要有所留白。不必苛求墙饰一气呵成，也不必期望一劳永逸，更不必把墙面填满而没有了呼吸空间。家居软装的乐趣正是来自于其不可预测的变换和有机生长的持续变化过程。

装饰画的尺寸与空间
的大小成正比

　　墙饰的起点往往是从最先拥有的 1~3 幅装饰画开始，然后围绕这个起点的主题不断扩展和延伸。在旅行、淘宝或者捡漏的过程当中不断会有意外的惊喜和收获，组合装饰画就是在不断完善的过程当中逐步接近理想中的完美。总的来说，越随意、越自然的墙饰看起来就越真实和有活力，视觉效果也越好。

3 墙饰的应用与效果

墙饰属于二维平面构图，也称为"美术墙""画廊墙"。其起点是整个构图的重点和中心，通常是将当中最大、最主要的那一幅画挂在显要的位置，其余的画面围绕着它去有机、非对称地蔓延和伸展，最终产生一种好像在画廊欣赏艺术品那样的视觉效果。

如果选择单幅大号装饰画，需要考虑画中的色彩与同房间内其他软装元素取得某种关联，同时还要考虑画面的图形与整体风格保持一致，复杂的图形对应华丽的风格，简单的图形对应简洁的风格。

装饰画与画框搭配的基本技巧如下：

①风景、历史题材的画面适用凹弧形画框横截面，有助于引导视线进入画面；

②人物、静物题材的画面适用凸弧形画框横截面，有利于增加画面的视觉深度；

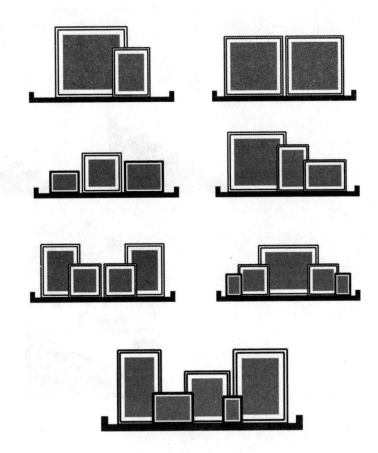

壁架墙饰构图

③小幅画面适用粗而宽的画框来吸引注意力，大幅画面适用细而窄的画框来保持平衡感；

④典雅的画面适用精致的画框，强烈的画面则适用粗大的画框。如果是黑白摄影作品多半选用黑色现代画框，装卡纸会加深画面的深度。

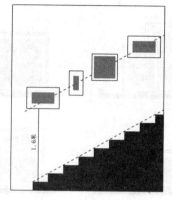
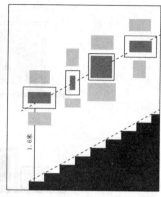
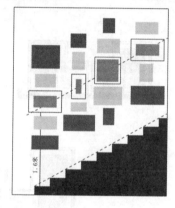

楼梯间墙饰构图

组合多幅小号装饰画，需要考虑它们之间的共同点。为
了达到最佳视觉效果，搭配的基本原则就是要找出某个共同
点并使它们联系在一起。这个共同点包括共同的主题（比如
都是风景、人物或者花卉等）、共同的媒介（比如都是油画、
水彩、素描或者摄影等）、共同的材质（比如都是木质、金
属、镀金画框或者卡纸等）、共同的风格（比如都是写实派、
抽象派或者印象派等）以及共同的色彩（比如都包含有红色
或者绿色等）。

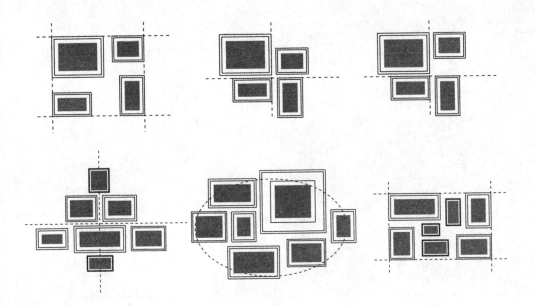

画廊式墙饰构图

墙饰并非一定要挂在墙上，只要柜子背后留有空白的墙面就可以考虑将装饰画直接搁置在桌面并斜靠在墙上，注意离墙距离与装饰画尺寸成正比。通常把大小不同但内容相关的装饰画重叠约 1/3 放置，视觉上比挂在墙上显得更加生动有趣。有时候也可以通过安装搁板来制造台面，让装饰画重叠搁置展示，这种情况需要与桌面上的花艺、书籍和工艺品等产生关联互动，最终形成一个完整的构图。

为了打破以上建议可能带来的束缚，可以制造一些更大胆的视觉效果，比如在一组长方形的画框当中插入一个椭圆形的画框，在大部分黑白照片里面插入一张彩色照片，也可以尝试将搁板、镜框和画框等组合搭配，或者加入任何可以挂在墙上的物件等，突破常规的墙饰总是最为令人印象深刻。

十一、软装改造

1

改造的概念与意义

　　所谓软装改造，就是指运用软装来改善或改变现有的居住环境，让我们能够以较少的代价拥有一种全新的生活品质和生活方式。当人们对软装的概念模糊不清之时，会去参考他人的装修，以至于大部分家居空间看上去大同小异，毫无个性，甚至有些家庭还被人误导制作了很多无用之物，费时费力。经过多年成长，越来越多的人开始意识到当初的偏差与错误，这就延伸出软装改造具备的基本功能——纠正错误，改善环境，提高品质。

　　每个人都有改变自己居住环境的权力和能力，既对自己负责也对家人负责。家居软装改造容易与家居软装混为一谈，区别在于前者是为已经装饰完毕的空间进行局部改造和调整，通常预算有限；后者则是为从未装饰的空间进行整体搭配，一般造价较高。软装改造并非仅限于空间外观的美化，它也包括对不合理功能的改善。

家居软装改造的目
的在于改善生活环
境和提高生活品质

　　家居软装本身就具有不断变化和完善的特性，这意味着首
次软装完成之后便可能进入到改造的阶段，因此软装改造也是
一项永无止境的生活内容。它会尽量利用现有的家具和配饰，
也可以根据需求适度增添一些新元素，在无需对主体空间和房
屋结构大动干戈的前提下，以最少的代价来改善原有空间的环
境感受和视觉效果，最终实现一种全新的生活体验。

　　没有人喜欢垃圾成堆或脏乱不堪的居住环境，但现实中
这种情况比比皆是，很多人根本不知道该如何进行改良。改

善居住环境并非想象中那般繁琐和复杂，有时候只需稍微调整一下即可。为了不浪费我们辛苦挣来的每一分钱，首先自己要有明确的目标、清醒的头脑，并不厌其烦做足功课，避免被他人误导，买来一堆没有用处的东西。

关于价格和质量的争论长期存在，有些人认为昂贵意味着优质，某些人则坚持只买好的不买贵的。我们无法控制产品的质量，但至少可以控制自己去选择负担得起的最好品质。如果人人都注重品质而非价格，那么劣质产品自然会失去生存的土壤。

每一件家具都有其与生俱来的个性，当主人用喜爱的物品与家具组合在一起的时候，能够反映出他们的个性。软装改造的意义就在于强化和凸显家居空间的个性，真实地反映主人的喜好、兴趣和品位等。心理学研究证明，个人心情在相当程度上会受到居住环境的影响，因此家居软装改造的价值不可小觑。

2

改造的步骤与内容

　　家居软装改造首当其冲的是硬装部分，尽管已经花费了不少金钱，但硬装越复杂往往意味着健康隐患也会越严重，为了自己和家人的身心健康，要懂得适度"忍痛割爱"。软装改造不能一次就解决全部问题，建议换顺序来分段计划。

基础改造步骤表

序号	具体要求
步骤 1	先做出预算，一个根据自己改造愿望和经济能力的大致预算，然后认真思考希望改造的内容并进行确定
步骤 2	制定简单的平面布置，平面布局安排对于最终效果至关重要

序号	具体要求
步骤3	统计家具、灯具、布艺织品等所有家当，写下"喜欢－留下"和"不喜欢－替换"两个列表，要确保这些选择是发自内心、不受干扰的
步骤4	清理房间，将保留的物品分门别类妥善安置，将放弃的物品打包处理，为后续的改造工作提供一个干净整洁的环境
步骤5	拆除那些华而不实的装饰线条和造型，特别是那种采用有毒、有害板材制作的柜体和造型等，为软装改造打下一个简洁干净的基础背景
步骤6	确定每个房间基本的生活元素，如沙发、餐台、电视柜、衣柜、梳妆台（女孩用）、床头柜、床架、床垫、床品等，所有家具尺寸均需根据空间大小量好
步骤7	选择某个主题进行简单配色或营造特定感觉，是现代、优雅还是浪漫、成熟等，这是软装改造过程当中的关键点，但过于复杂的主题容易让空间变得杂乱不堪
步骤8	除基本生活家具之外，空间点缀品不宜太多，适度配置能达到画龙点睛的效果。点缀品包括花艺、装饰画和灯具等

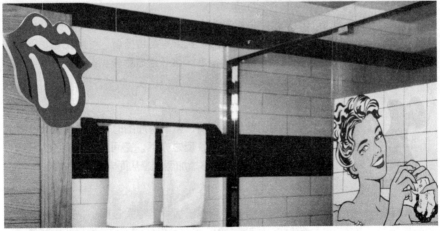

只需稍加点缀和改变
就能让一个单调的房
间变得与众不同

当基础改造完成之后，软装改造才有一个展示的舞台。家居软装的改造内容主要包括风格、色彩、图案、材质、家具、灯具、布艺、花艺、饰品、桌景、墙饰等。

软装改造具体内容表

序号	类别	改造建议
1	风格改造	有些人的风格喜好多年不变，有些人则会随着年龄、阅历、见识和视野的增长而变化，家居空间自然也会随之发生变化。可以先通过改变或增添一些小件物品来改变风格，然后逐步过渡到更换大件家具
2	色彩改造	当墙面感觉眼花缭乱的时候，建议去除花哨的壁纸，重刷白色、米白色或者浅灰色，这样方便衬托其他色彩；可以考虑某一面重点墙壁刷较深色彩，如深灰或深蓝等，辅助色则以靠枕、花瓶和装饰画等对比进行衬托
3	图案改造	图案是除色彩之外的另一主要元素，尝试将花卉、几何、条纹、格子、菱形和扎染等组合搭配，可产生意想不到的视觉效果。图案之间最好通过色彩、主题、形状或线条来取得关联
4	材质改造	当空间出现太多光滑、坚硬材质的时候，需要增添一些软质材质进行柔化，反之亦然。空间里面应有不少于5种材质的搭配，能够增加层次感从而丰富视觉效果
5	家具改造	尽量淘汰那些采用木工板（俗称大芯板）、刨花板和纤维板（又称密度板）等材料制作的家具，选择实木家具。建议在小空间里应用小尺寸家具，大空间里家具可以大小搭配

序号	类别	改造建议
6	灯具改造	铁艺、黄铜灯具适宜搭配乡村和田园风格的家居，水晶、玻璃灯具适宜搭配古典和传统风格的家居，镀铬、金属灯具适宜搭配现代风格家居。避免任何刺眼或晃眼的灯具
7	布艺改造	尽量选择单色布料，花色要与其他饰品上的色彩和图案取得呼应。大部分家居空间都适合简单的窗帘杆式窗帘，无需繁复的帘头。窗帘、薄纱帘、遮阳帘已基本满足生活需求
8	花艺改造	抛弃质量欠佳的塑料花、人造花，尽量选择自然花艺。插花与绿植都是不错的选择
9	饰品改造	当空间缺乏视觉焦点的时候，可以考虑应用饰品来制造焦点。任何个人收藏或旅游纪念物都可当作饰品来应用
10	桌景改造	桌景不是饰品的堆砌，而是制造亮点的舞台。建议把杂乱无章的东西放进神奇的托盘，桌面会变得更加整洁有序
11	墙饰改造	墙饰是制造视觉焦点的重要手段，构图的顺序首先是考虑大幅装饰画，然后是小幅装饰画与之搭配并组合成一个整体，大幅装饰画就是视觉焦点。壁纸也是营造墙饰焦点的重要工具

3 改造的需求与趋势

改造居住空间依据个人的需求而选择，家居软装主要属于某种感官效果，而任何一种感官效果都是因人而异的，唯有一颗对家、对生活的爱心永恒不变。只要有一颗不断追求美好生活的决心，家居软装的改造行为就不会停止。

很多人对于软装改造的价值和意义一知半解，这需要一个漫长的发展过程，让我们以此书为起点走进家居软装改造的大门。有些人觉得自己的住宅劳心费力装修完毕无需改变，另一些人则随着阅历、视野、心情、条件、品位和眼光等方面的变化而希望改变原有的居住环境。软装改造作为一种个性化的行为，是建立在房主个人的愿望之上的，因此需要自己事先做好计划。

模式化家居的时代必将结束，个性化家居的时代正在到来。家居软装不是一成不变或一劳永逸的，它是一个不断给我们带来惊喜和愉悦的生活过程。在这个过程当中，需要我们动手、动脑参与其中，使平淡无奇的家庭生活变得更加丰富多彩

家居软装改造必将成
为家居生活的趋势

而充满乐趣。软装改造不仅具有视觉效果的变化，更是对个人
精神世界的滋润和补充，我们的情感将随着这个过程不断获得
欣慰和自信，灵魂也随着这个变化持续获得精神食粮。

　　在家居生活成熟的国家或地区，软装改造早已成为家居
市场的主要需求，大多数家庭装饰均属于软装改造内容。我
国的软装改造起步较晚，很多人的家居生活还处于解决基本
生活的阶段，但经过近些年的发展和沉淀，年轻一代对于生
活品质的追求越来越高，对家居软装的需求也会越来越大。
可以预见的是，家居软装改造适用于所有已经完成装饰工程
的居住空间，而且需求量会呈现持续不断的递增趋势。家居
软装的理念和追求也许还需要一个漫长的过程才能普及，但
不可否认的是，软装改造已是不可阻挡的生活趋势。

图书在版编目（CIP）数据

家的软装 / 吴天簇著. -- 南京：江苏凤凰科学技术出版社，2018.2
ISBN 978-7-5537-8655-1

Ⅰ．①家… Ⅱ．①吴… Ⅲ．①住宅－室内装饰设计
Ⅳ．①TU241

中国版本图书馆CIP数据核字(2017)第268521号

家的软装

著　　　者	吴天簇（TC吴）
项 目 策 划	凤凰空间／段建姣
责 任 编 辑	刘屹立　赵　研
特 约 编 辑	段建姣

出 版 发 行	江苏凤凰科学技术出版社
出版社地址	南京市湖南路1号A楼，邮编：210009
出版社网址	http://www.pspress.cn
总 经 销	天津凤凰空间文化传媒有限公司
总经销网址	http://www.ifengspace.cn
印　　　刷	北京博海升彩色印刷有限公司

开　　　本	710 mm×1 000 mm　1／16
印　　　张	11.5
字　　　数	128 000
版　　　次	2018年2月第1版
印　　　次	2023年3月第2次印刷

标 准 书 号	ISBN 978-7-5537-8655-1
定　　　价	68.00元

图书如有印装质量问题，可随时向销售部调换（电话：022-87893668）。